# Kurze Winke
## für den technischen Praktiker im Lokomotivdienst

Zweite, vermehrte und verbesserte Auflage

von

## Karl Hellmig
Betriebswerkvorsteher
Abnahmelokführer im R.A.W. Kbg.

Reprint

## Impressum

Einbandgestaltung: Sven Rauert

Bildnachweis:
Die zur Illustration dieses Buches verwendeten Aufnahmen stammen –
wenn nichts anderes vermerkt ist – vom Verfasser.

Eine Haftung des Autors oder des Verlages und seiner Beauftragten für
Personen-, Sach- und Vermögensschäden ist ausgeschlossen.

ISBN 978-3-613-71381-9

1 . Auflage 2010
(Unveränderter Nachdruck der 2. Auflage, Königsberg 1928)

Sie finden uns im Internet unter www.transpress.de

Lektor: Hartmut Lange
Repro: Tebitron GmbH, 70839 Gerlingen
Druck und Bindung: Vychodoslovenske Tlaciarne, 04267 Kosice
Printed in Slovak Republic

# Vorwort.

Die vorliegenden Winke sollen den in der Praxis stehenden Betriebsbeamten Fingerzeige geben, sich im Bedarfsfalle mit geringem Aufwand an Zeit über die Feststellung von Schäden an der Lokomotive möglichst schnell zu informieren. Außerdem sind zu den Erweiterungen, die die zweite Auflage erfahren hat, auch noch einige Beschreibungen über wichtige Neuerungen an der Lokomotive gebracht worden, die über deren Wirkungs= und Behandlungsweise im Betrieb einige Anhaltspunkte geben sollen. Wenn auch in Dienstanweisungen Anleitungen zum Feststellen einzelner Schäden gegeben sind, so ist für die einfache Vornahme solcher Untersuchungen doch letzten Endes die praktische Erfahrung erforderlich, um in einem bestimmten Fall zu einem praktisch brauchbaren Ergebnis zu gelangen. Aus diesem Grunde möge der Inhalt dieses Büchleins, der aus praktischen Erfahrungen gesammelt und kurz zusammengestellt ist, auch weiterhin als Richtschnur und Wegweiser dienen.

Königsberg Pr.

Karl Hellmig.

# Inhalts-Verzeichnis.

___

# Einstellung und Kontrolle der Heusinger-Steuerung, sowie Feststellung der Dampfverteilung an Lokomotiven.

Bei den Lokomotiven kann der Dampf nur wirtschaftlich ausgenutzt werden, wenn er richtig auf die wirksame Kolbenfläche verteilt wird.

Die richtige Dampfverteilung kann nur stattfinden, wenn alle Steuerungsteile nach richtigen Maßen hergestellt und auch richtig eingebaut sind.

Um die Steuerungsteile an der betriebsfertigen Lokomotive auf Maße und Anbau ohne große Mühe zu prüfen, sind folgende Arbeiten vorzunehmen.

## 1. Suchen der Totpunktstellungen.

Vor dem richtigen Einstellen der Schieber muß die Lokomotive in die vier Totpunktstellungen verschoben werden. In diesen Stellungen prüft man die einzelnen Steuerungsteile auf richtige Maße. Hierzu wird folgendes Verfahren angewendet.

Um die genauen Totlagen der Dampfkolben und somit auch der Treibzapfen feststellen zu können, muß die Lokomotive auf ein wagrechtes Gleis gestellt werden und die Treib= und Kuppelachslagerkasten müssen in gleicher Höhe zu den Rahmenausschnitten stehen.

Die Lokomotive wird nun nach vorwärts gescho= ben, bis der Kreuzkopf etwa 10 mm vor seiner End= stellung, also kurz vor dem Totpunkt steht. Diese Stellung des Kreuzkopfes wird jetzt an der Kreuz= kopfgleitbahn angerissen und gleichzeitig wird am Treibachsradreifen ein Riß angebracht, dessen Ver= längerung in der Geraden mit der Oberkante des nach hinten liegenden Bremsklotzes ausläuft. Siehe Abb. 1.

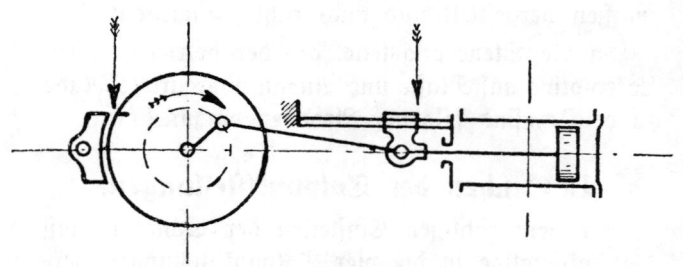

Abb. 1.

Dann wird die Lokomotive über den Totpunkt so weit nach vorn bewegt, daß der Kreuzkopf den auf der Gleitbahn vorgezeichneten Riß wieder freigibt. Auch diese Stellung wird am Treibachsreifen, ge=

genüber der Bremsklotzoberkante, angezeichnet. Abbildung 2.

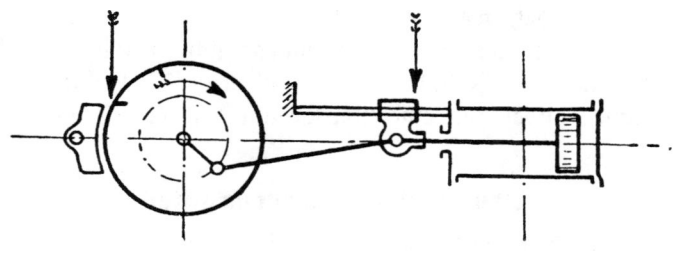

Abb. 2.

Von den beiden am Treibachsreifen nunmehr vermerkten Zeichen wird jetzt die Mitte gesucht und diese ebenfalls angerissen. Die Lokomotive wird nun so weit vorwärts geschoben, bis dieser zuletzt gemachte Riß mit der Oberkante des Bremsklotzes in einer Geraden steht. Abb. 3.

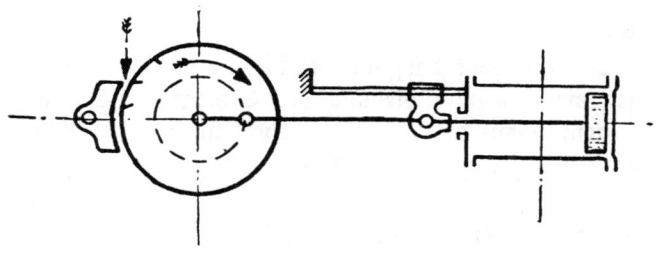

Abb. 3.

Auf dieser Seite steht die Lokomotive nun genau in Totpunktstellung nach vorne. Dieses Verfahren wird auch bei Lokomotiven mit geneigten Zylindern angewendet, weil die Totpunkte des Treibzapfens und somit auch des Dampfkolbens sich stets in der verlängerten Zylindermitte befinden. Die Kolbenstange bildet nun eine Gerade mit der Treibstange.

## 2. Prüfen der Steuerungsteile.

Nachdem die Lokomotive in die vordere Totpunktlage auf einer Seite eingestellt ist, wird die Steuerung auf Mitte gelegt und Schwingenstange und Schwinge durch Herausnehmen des Bolzens entkuppelt. Jetzt wird die Schwinge von Hand hin- und herbewegt und hierbei die Kontrolle über die richtige Lage der Steuerwelle, der Steuerstange, des Steuerbockes, des Steuerungszifferstreifens, des Aufkeilhebels, des Schwingenbogens, des Schwingendrehpunktes und der Schieberschubstange ausgeübt.

Der Schieber darf sich bei dieser von Hand vorgenommenen Verschiebung der Schwinge nicht bewegen, womit der Beweis erbracht ist, daß sämtliche vorgenannten Teile in Maßen und Anbau richtig sind.

Bewegt sich der Schieber bei dieser Probe mehr als 2 mm (2 mm Spiel sind nach D. V. 120ᵃ noch zulässig), so ist der Fehler in einem oder auch in mehreren der vorgenannten Teile zu suchen.

Bei Verbundlokomotiven kann diese Prüfung nur auf der Hochdruckseite ausgeführt werden. Der Niederdruckschieber hat sich bei Steuerungslage auf Mitte schon etwas geöffnet und der Schwingenstein steht außerhalb der Schwingenmitte.

Nun wird die Schwinge wieder durch den Bolzen mit der Schwingenstange verbunden und die Steuerung einmal ganz nach vorn und einmal ganz nach hinten ausgelegt. Auch bei dieser Steuerungsverlegung darf der Schieber keine Bewegung machen, womit der Beweis erbracht ist, daß die Schwingenstange sowie die Gegenkurbel richtige Maße und Lage haben. Hat sich der Schieber bei dieser Probe um mehr als 2 mm bewegt, so sind die Fehler in letztgenannten Teilen zu suchen.

Diese letztgenannte Prüfung wird bei Verbundlokomotiven auch auf der Niederdruckseite ausgeführt.

Nach diesem Verfahren muß jede Lokomotive in allen vier Totpunktstellungen durchgeprüft werden.

Auch vor jedem Indizieren muß die vorgenannte Kontrolle ausgeführt werden. Ergeben sich dennoch Abweichungen in den Diagrammen, wie zu hohe oder mangelhafte Kompression, darf erst jetzt eine Berichtigung der Schieber stattfinden.

Zu hohe Kompression tritt ein, wenn die äußere Ueberdeckungskante des Kolbenschiebers den auspuffenden Dampf zu früh abschließt. Hierdurch wird der im Zylinder verbleibende Dampf von dem Dampfkolben zusammengepreßt, so daß er eine höhere Spannung als der Schieberkastendruck erhält. Die Lokomotive wird bocken.

In dem hierzu aufgenommenen Diagramm steigt die Kompressionslinie (Verdichtungslinie) über die Eintrittslinie und bildet mit dieser eine Schleife. Abbildung 4.

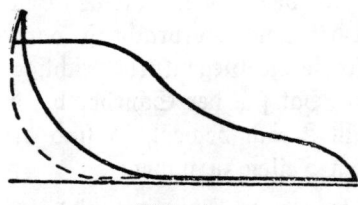

Abb. 4.

Liegt dieser Fehler vor, so wird der vordere Schieberkörper ½—2 mm dem hinteren näher gebracht und die Schieberstange, auf der sich beide Körper befinden, um die Hälfte des nähergebrachten Maßes nach vorne geschoben. Hierdurch sind die äußeren Ueberdeckungskanten beider Schieberkörper wieder gleichmäßig verteilt.

Beim Zusammenbringen der Schieberkörper ist jedoch Vorsicht zu üben, weil hierdurch die Vorein=

12

ftrömung und die äußere Ueberdeckung des Schiebers verringert wird.

Schließen die äußeren Deckungskanten der Kolbenschieber den austretenden Dampf zu spät ab, so findet der Dampfkolben mit seinen schwingenden Massen kein genügendes Dampffissen. Die Lokomotive wird unruhig gehen.

Im hierzu aufgenommenen Diagramm wird die Kompressionskurve mit der Eintrittslinie auf der Gegendrucklinie zusammenfallen. Abb. 5.

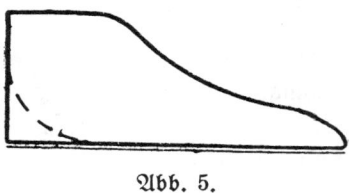

Abb. 5.

In der Regel werden Schieber sowie Schieberbuchsen nach bestimmten Lehren, die nach Musterzeichnung angefertigt werden, eingebaut.

## 3. Einstellen und Einregulieren der Schieber.

Hat sich bei den vorgenannten Prüfungen kein Fehler in den Steuerungsteilen gezeigt, der Schieber sich also nicht bewegt, so wird die Steuerung auf Mitte gelegt. Der Schieber wird nun auf gleiche Einströmöffnung vorn und hinten eingestellt.

Als Steuerkanten dienen die Schieberkörperkanten, wohingegen die Federringe lediglich den dampfdichten Abschluß bewirken.

Ein Vorteil der Heusinger=Steuerung ist die in allen Füllungsgraden gleichbleibende Voreilung.

Beim Regulieren im kalten Zustande muß die Dehnung der Schieberstange, die etwa 1 mm beträgt, berücksichtigt werden. Bei Lokomotiven mit Inneneinströmung ist demnach der Schieber so einzustellen, daß die hintere Einströmöffnung 1 mm größer als die vordere ist.

Eine unter Dampf stehende Lokomotive kann auch nach den gleichmäßigen Auspuffschlägen, also nach Gehör, reguliert werden. Mit mäßig angezogener Bremse wird die Lokomotive mehrere Male hin= und hergefahren, die Steuerung auf die verschiedenen Füllungsgrade gelegt, und der Auspuff nach dem Gehör beurteilt.

Treten ungleich starke Schläge ein, so verstellt man bei Inneneinströmung den Schieber nach der Richtung, wo der Kreuzkopf sich vor der Totlage befand, als der harte Schlag hörbar wurde. Steht z. B. der Kreuzkopf nach vorne, wenn der harte Auspuffschlag erfolgt, so muß auch der Schieber nach vorne verstellt werden, bis die ungleichen Schläge aufgehoben sind. Bei Lokomotiven mit äußerer Einströmung ist dieses Verfahren entgegengesetzt.

## 4. Schieberweg, Schieberbuchsen und Schieberkörper.

Bei der Regelbauart gibt es Schieberkörper von 92 mm Länge und dazu gehörige Buchsen mit 52 mm breitem Einströmkanal, sowie Schieberkörper von 100 mm Länge und dazu gehörige Buchsen mit 50 mm breitem Einströmkanal.

Bei ersteren darf bei einer Treibradumdrehung nach vorwärts oder rückwärts, bei Steuerung auf Mittellage, der Schieberweg nicht größer sein als $2\times$ innere Schieberdeckung $+2\times$ Voreilung. Bei einer P 8, T 16, G 10, G $8^2$ und G $8^3$ beträgt die Voreilung 5 mm und die innere Schieberdeckung 38 mm. Der Schieberweg darf also $2\times(5+38) = 86$ mm lang sein. Die Breite des Einströmkanals in den zu diesen Schiebern gehörigen Schieberbuchsen beträgt 52 mm. Die äußere Schieberdeckung beträgt 2 mm, folglich muß der Schieberkörper $38+52+2 = 92$ mm lang sein.

Bei letzteren beträgt die innere Ueberdeckung 45 mm, die äußere 5 mm und die Voreilung 3 mm. Z. B. bei G $8^1$ und T 14 Lokomotive. Der Schieberweg beträgt somit $2\times(45+3) = 96$ mm.

Die Schieberkörper bei den Einheitslokomotiven 1 C. P. 34. 15 und 1 C. 1 Pt. 35. 15 sind gleichfalls in Regelform ausgeführt. Jeder Schieberkörper ist, von seinen Steuerkanten gemessen, 85 mm lang. In den dazu gehörigen Schieberbuchsen befinden sich

45 mm breite Einströmöffnungen. Die Schieber sind auf 5 mm lineares Voreilen eingestellt. Die inneren Ueberdeckungen betragen 38 mm und die äußeren 2 mm. Der Schieberweg bei Steuerung auf Mitte und einer Treibradumdrehung ist $2 \times (5+38) = 86$ mm.

Die ungleichen Schieberwege bei den einzelnen Lokgattungen sind durch die verschiedenen Anordnungen und Längen der Steuerungsteile gegeben, die auch die ungleichen Schieberbuchsen- und Schieberkörperlängen bedingen. Beim Auswechseln oder Erneuern der einzelnen Buchsen oder Körper ist hierauf genau zu achten.

## 5. Nachschleifen oder Erneuern der Schieberbuchsen.

Um die Schieberbuchse auf ihrer Schleiffläche dampfdicht abzuschließen, muß ihr Druckrand 0,25 mm über dem Schiebergehäuse hervorstehen. Sollte durch Nachdrehen und Nachschleifen der Dichtfläche die Buchse zu kurz geworden sein, so daß zum Festdrücken kein Rand hervorsteht, so kann auf den Druckrand ein zweckentsprechender Blechring gelegt werden. Der Ausströmkasten, der sich auf den Druckrand legt, kann dann beim Festschrauben die Buchse festdrücken.

Ebenso muß beim Erneuern eines bzw. beider Schieberkörper oder einer bzw. beider Schieber-

**16**

buchsen, nachdem die Schieberbuchsen auf ihre Dich=
tungsflächen aufgeschliffen worden sind, die Entfer=
nung der beiden inneren Einströmkanten an den Ein=
strömkanälen der Schieberbuchsen festgestellt wer=
den. Von dieser Entfernung rechnet man die innere
Ueberdeckung der beiden Schieberkörper ab. Dieses
Maß ergibt nun die Entfernung von der inneren
Steuerkante des vorderen bis zur inneren Steuer=
kante des hinteren Schieberkörpers. Beträgt z. B.
bei einer P 8 Lokomotive die Entfernung von einer
inneren Einströmkante bis zur anderen inneren Ein=
strömkante der Schieberbuchsen ungefähr 652 mm —
der dazu gehörige Schieberkörper hat eine innere
Ueberdeckung von 38 mm — so beträgt die Entfer=
nung der inneren Steuerkanten zwischen beiden
Schieberkörpern = 652—(38+38) = 576 mm.

Um diese Entfernung der Einströmkanäle minus
innerer Ueberdeckung der beiden Körper auf die
Schieberkörper zu übertragen, werden verstellbare
Lehren benutzt. Diese Lehren kann der Betrieb sich
selbst leicht anfertigen, indem er zwei Blechstreifen
herstellt, die auf einer Seite passend zu den Ein=
strömkanälen ausgespart und auf der anderen Seite
für die Schieberkörper zugepaßt sind. Beide Blech=
streifen sind aufeinandergelegt, durch einen Schlitz
verschiebbar und werden vermittels einer Schraube
mit Flügelmutter festgehalten, wenn die Maße fest=
gestellt worden sind.

Beim Anfertigen dieser Lehre ist nur darauf zu achten, daß von den ausgesparten Enden der Blech=streifen, die in die Einströmöffnungen der Schieber=buchsen hineinpassen müssen, die inneren Einström=kanten auf den Blechstreifen angerissen werden. Von jedem dieser Risse überträgt man nach der Mitte zu die innere Ueberdeckung des der Lokgattung zugehörigen Schieberkörpers. Diese beiden zuletzt übertragenen Risse ergeben die Entfernung der inneren Steuerkanten von beiden Schieberkörpern. Die andere Seite der Blechstreifen wird nun von den letztgenannten Rissen ab für die Schieberkörper aus=gearbeitet, so daß beim Einstellen der Lehre die eine Seite in die Einströmöffnungen der Schieberbuchsen und die andere Seite zugleich auf beide Schieber=körper paßt. (Siehe Abb. 15.)

Jede Lokomotivseite muß für sich besonders ge=messen werden, weil durch das Aufschleifen der Schieberbuchsen auf ihre Dichtflächen kleine Abwei=chungen entstehen.

## 6. Erneuern der Schieberringe.

Ferner ist zu beachten, daß beim Erneuern der Schieberringe hier zuerst die Buchsen nachgemessen werden, ob sie unrund ausgelaufen sind. Beträgt der ungleiche Durchmesser mehr als 0,25 mm, so ist es wirtschaftlicher, die Schieberbuchsen auszuschleifen oder auszuwechseln. Die Schieberringe, die den

**18**

dampfdichten Abschluß bewirken, sind zu diesem Zwecke in folgenden Abmessungen hergestellt. Der äußere Durchmesser beträgt bei normalen Ringen 220 mm, für die ausgeschliffenen Buchsen ist er auf 221,5, 223, 224,5 und 226 mm gehalten.

Nicht richtig ist es, wenn man einen Ring nimmt, der einen größeren Durchmesser als die Buchse hat und diesen dann an den Stoßfugen nacharbeitet, um ihn in die Buchse hineinzubekommen. Solche Ringe werden dadurch unrund und liegen an den Schieber= buchswandungen nicht voll an, können also nicht dampfdicht abschließen. Außerdem werden sie nach kurzer Betriebsdauer an den Stoßfugen, deren Breite höchstens 1,5 mm betragen darf, wieder zu weit auseinander stehen. Hier geht der Dampf dann, ohne Arbeit zu leisten, teilweise durch den Schorn= stein ins Freie, teilweise wird er hemmend auf die Leistungsfähigkeit der Lokomotive einwirken.

## 7. Feststellung des Gegenkurbelzapfenstandes zur Treibachsmitte.

Der Mittelpunkt des Gegenkurbelzapfens für die Schwingenstange bildet mit dem Treibachsmittel= punkt und dem Treibzapfen nur dann einen Winkel von 90°, wenn die Zylinderlängsachse horizontal und der Mittelpunkt des Gegenkurbelzapfens, sowie der untere Schwingenangriffspunkt auf dieser Zylinder=

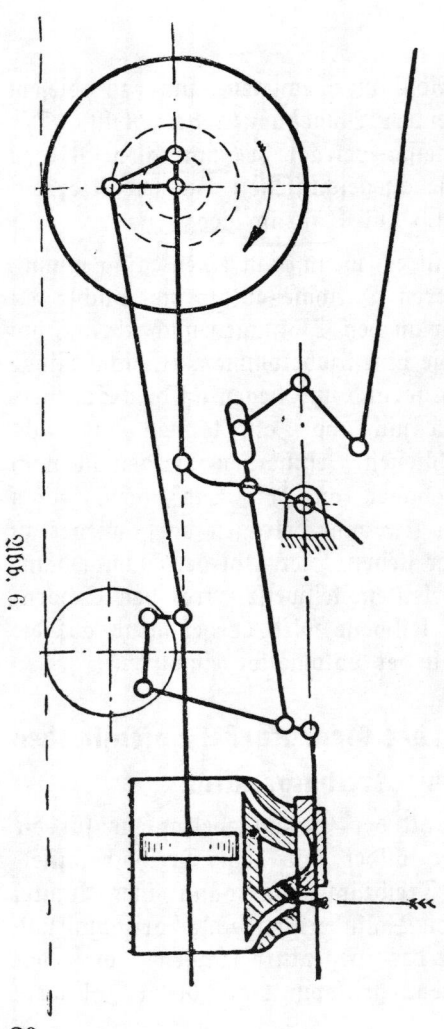

Abb. 6.

mittellinie
liegt. Z. B.
bei den S 3
und S 5 Lok.
Abb. 6.

Sind diese
Bedingungen
nicht gegeben,
so ist dieser
Winkel für die
dem Treibzap=
fen nacheilende
Gegenkurbel
größer als 90°,
wenn bei Vor=
wärtsgang der
Lokomotive
der Schwin=
genstein im
unteren Bogen
der Schwinge
und der Mit=
telpunkt des
Gegenkurbel=
zapfens über
der Achsmitte
liegt. Z. B.

bei allen Loko=
motiven mit
Inneneinströ=
mung. Abb. 7.

Der Winkel
ist kleiner als
90°, wenn der
Mittelpunkt
des Gegenkur=
belzapfens un=
ter der Achs=
mitte liegt, wo=
bei die Gegen=
kurbel dem
Treibzapfen
bei Vorwärts=
gang der Lok.
vorauseilt.
Der Schwin=
genstein befin=
det sich hier im
oberen Bogen
der Schwinge.
3. B. bei P 8
und G 8 Lok.
älterer Bau=
art. Abb. 8.

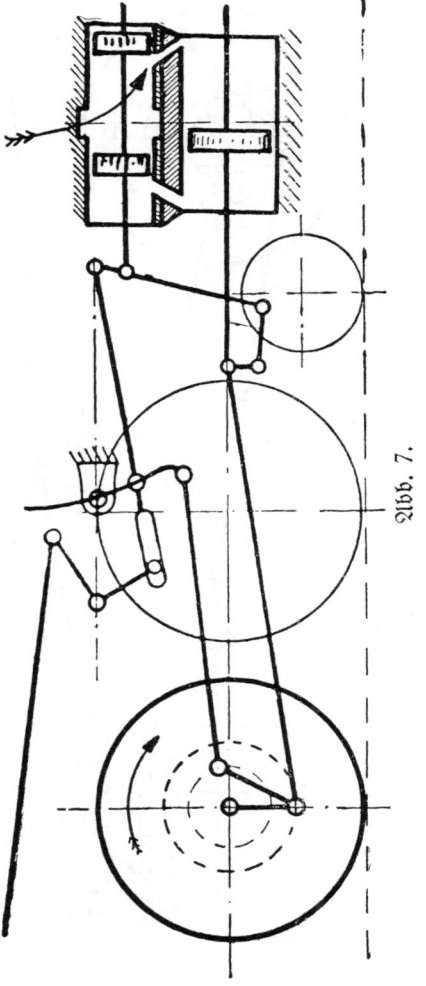

Abb. 7.

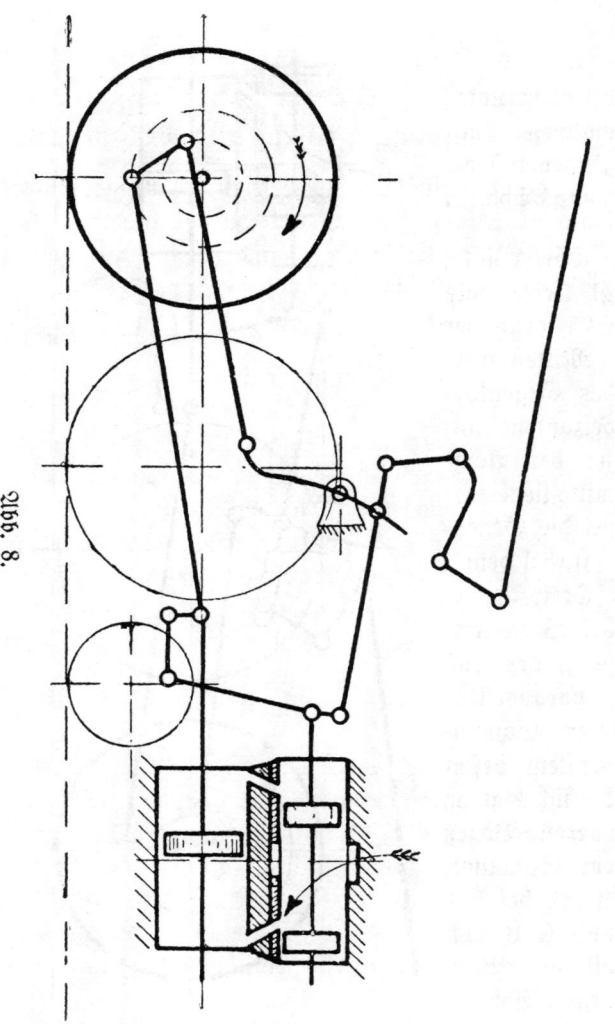

Abb. 8.

## 8. Einen fehlerhaften Ziffernstreifen am Steuerungsbock prüfen und berichtigen.

Die Lokomotive wird zuerst in die rechte hintere Totpunktstellung gebracht und an der Gleitbahn die Stellung des Kreuzkopfes angerissen, und gleichzeitig die Einströmöffnung des Schiebers nachgemessen.

Dann wird die Lokomotive in die rechte vordere Totpunktstellung gefahren, und die Schieber auf gleiche Einströmöffnung eingestellt. Diese vordere Stellung wird auch an der Gleitbahn angerissen. Die Verbindung von Schwinge und Schwingenstange wird gelöst und erstere von Hand hin= und herbewegt. Während dieser Bewegungen wird die Steuerung langsam nach der Mitte des Steuerungsbockes bewegt, bis der Schieber still steht. Diese Stellung ist die Mitte, sie wird auf dem am Steuerungsbock befestigten Ziffernstreifen vermerkt.

(Man muß bei diesen Prüfungen aber darauf achten, ob der Steuerbock an dem Rahmen oder an dem Kessel befestigt ist, um in letzterem Fall die Dehnung des Kessels zu berücksichtigen. Der Zeiger der Steuerungsmutter wird sich hier, im kalten Zustand der Lokomotive, über der Mitte des Ziffernstreifens um den Betrag der Kesseldehnung nach hinten befinden.)

Der Abstand zwischen dem hinten angemerkten Riß an der Gleitbahn und der hinteren Kante des Kreuzkopfes wird in 10 gleiche Teile geteilt. Jetzt verschiebt man die Lokomotive (nachdem die Schwinge mit der Schwingenstange wieder verbunden ist) so weit nach vorn, bis der Kreuzkopf aus der Totlage sich an dem ersten dieser 10 Teile befindet. Die Steuerung legt man nun so weit nach vorn, bis der Schieber die Einströmöffnung abschließt. Diese Stellung wird auf dem Zifferstreifen angezeichnet, sie ist gleichbedeutend mit $^1/_{10}$ Füllung und $^1/_{10}$ Kolbenweg. Man verschiebt die Lokomotive weiter im vorgenannten Sinne und zeichnet hierbei die verschiedenen Füllungsgrade auf dem Zifferstreifen an, bis der Kreuzkopf die hintere Totlage erreicht hat.

Hierbei findet man, daß bei $^8/_{10}$ der Füllungseinteilung die Steuerungsmutter schon in ihrer Endlage angelangt ist. Ihre Bewegung ist durch die Stellung des Gegenkurbelzapfens, des Voreilhebels und der Lenkerstange begrenzt; denn ehe der Dampfkolben seine Endstellung erreicht hat, gibt der Schieber vor dem Dampfkolben seine Voreinströmung frei. Der Schieber kann somit keine größere Füllung geben, weil er bei Außeneinströmung, wenn der Kolben die letzten Zehntel seines Weges durchläuft, sich schon in entgegengesetzter Richtung bewegt.

Bei Inneneinströmung ist die Begrenzung der Steuerungsmutter denselben Bedingungen unter=

worfen, denn der Schieber muß hier ebenfalls vor der Totpunktstellung des Kolbens seine Voreinströmung frei geben. Der Schieber läuft hier aber noch in derselben Richtung etwas weiter, um diese Bedingung zu erfüllen. Währenddem ist der Kolben über seine Totpunktstellung hinaus und befindet sich schon in entgegengesetzter Richtung. Diese Bewegungen des Schiebers werden bedingt durch das Vor= oder Nacheilen der Gegenkurbel, die obere oder untere Lage des Schwingensteines in der Schwinge bei Vorwärtsgang der Lokomotive und der äußeren oder inneren Einströmung. (Siehe Nr. 7 u. Nr. 13.)

Nunmehr wird zwischen Kreuzkopf und vorderem Riß an der Gleitbahn ebenfalls eine Zehnteilung vorgenommen. Der Vorgang wiederholt sich nun beim Rückwärtsschieben der Lokomotive und entsprechender Einteilung des Zifferstreifens nach hinten.

Bei Verbundlokomotiven muß der Rückwärtsfahrtzifferstreifen von der linken Lokseite beim Rückwärtsschieben eingeteilt werden. Der Schwingenstein liegt bei diesen Lokomotiven bei Vorwärtsfahrt linksseitig etwas tiefer als rechtsseitig, damit der linke Schieber bei der Vorausströmung der rechten Zylinderseite schon geöffnet hat.

Bei der Rückwärtsfahrt öffnet der linke Schieber somit erst ungefähr zwischen $^3/_{10}$ bis $^5/_{10}$ Füllung oder Kolbenweg.

Die Lokomotive muß daher so weit verschoben werden, bis der Schieber die Einströmöffnung freigibt und der Kreuzkopf an einer der Teilungen angelangt ist. Die inzwischen vom Kreuzkopf übergangenen Teilungen sind für die Rückwärtsfahrt unbrauchbar und auf dem Zifferstreifen fortzulassen.

Beim Feststellen der Mitte und Anzeichnen der Füllungsgrade auf dem Zifferstreifen muß hier ebenfalls die Befestigungslage des Steuerbockes beachtet werden, ob diese sich an dem Rahmen oder an dem Kessel befindet. Im warmen Zustande dehnt sich der Kessel, je nach seiner Länge, um 12 bis 15 mm aus, oder wie bekannt, bei jedem Meter seiner Länge beträgt die Dehnung 1 mm. Diese Dehnung muß bei der Einteilung im kalten Zustand berücksichtigt werden. Der Einfachheit halber wird bei diesen Lokomotiven der Zifferstreifen nur probeweise befestigt, um dann zu der endgültigen Befestigung um die Kesseldehnung nach vorne gebracht zu werden.

Wird diese Kesseldehnung nicht beachtet, so wird dann beim Erneuern der Steuerstange diese irrtümlich um soviel kürzer gemacht werden, und beim Erneuern des Zifferstreifens wird der Führer dann die Steuerung um die Kesseldehnung nach vorne verlegen müssen, um die Einströmöffnung für die Vorwärtsfahrt (bei kleinen Füllungen) freizugeben.

**26**

# 9. Verfahren zur Einhaltung der schädlichen Räume der Dampfzylinder bei Erneuerung von Kolbenstangen mit einfachsten Mitteln.

Die Entfernung von Treibachsmitte bis zur Schleiffläche des Zylinders, an der der vordere Zylinderdeckel zur Anlage kommt, wird festgestellt. Von dieser Schleiffläche wird die im Zylinderraum hineinragende Höhe des Zylinderdeckels sowie der schädliche Raum an der inneren Zylinderwandung durch einen auf Kreide angemerkten Riß aufgetragen. Ist der hintere Zylinderdeckel losgenommen, so wird hier ebenso verfahren, nur daß der hintere schädliche Raum plus hintere Zylinderdeckelerhöhung aufgetragen wird. Ist der hintere Deckel nicht losgenommen, so überträgt man den hinteren schädlichen Raum von der inneren Deckelseite aus auf die innere Zylinderwandung. Die Entfernung der beiden gezeichneten Risse ist der Kolbenweg = 2× Kurbellänge plus Stärke des Kolbenkörpers. An dem vorderen Riß wird ein Holz- oder Eisenstab zwischen die Zylinderwandung geklemmt. Jetzt wird ein Lineal durch die hintere Stopfbuchse bis an den vorerwähnten Stab geführt und auf diesem die Treibachsmitte, die Kurbellänge und die Treibstangenlänge vermerkt. I. (Abb. 9.)

Sind die Lagerschalen der Treibstange in Arbeit, so ist ihre Länge von Oeltüllenmitte bis Oeltüllen-

mitte zu nehmen. Es ist jetzt von der Marke Treib=
achsmitte die Kurbellänge und die Treibstangen=
länge auf dem Lineal vermerkt. Die Entfernung von
dem vorderen gezeichneten Treibstangenriß bis zu
dem Eisenstab ist die Länge von Vorderkante Kol=
benkörper nebst Kolbenstange bis Mitte Kreuzkopf=
bolzen. II. Die Entfernung von Mitte Kreuzkopf=
bolzen bis zum Kolbenstangenkopf wird abgetragen.
III. Es bleibt nun die genaue Länge des Kolben=
körpers mit Stange bis zum Stangenkopf. IV.

Zur Kontrolle, ob die genommenen Maße richtig
sind, wird von dem Zeichen Treibachsmitte aus nach
dem Zylinder zu der Kolbenhub = 2× Kurbellänge
plus Kolbenkörperstärke noch besonders aufgetragen.
Das Lineal wird dann so weit zurückgezogen, daß
letzteres Zeichen auf Treibachsmitte steht. V. Das
vordere Ende des Lineals, das vorher an dem Eisen=
stab anlag, muß jetzt an dem Rißabstand des schäd=
lichen Raumes nach hinten stehen.

Diese Maße können nur in den Kolbentotlagen
genommen werden. Bei Mittelstellung des Kolbens
und senkrechter Kurbelstellung können sie nicht fest=
gestellt werden. Wenn die hin= und hergehende
Bewegung des Kolbens durch die Treibstange und
den Treibzapfen in eine drehende umgesetzt wird,
verändern sich die Kolbengeschwindigkeiten. In der
vorderen Zylinderhälfte ist diese Geschwindigkeit
größer als in der hinteren, und in den Endstellungen

**28**

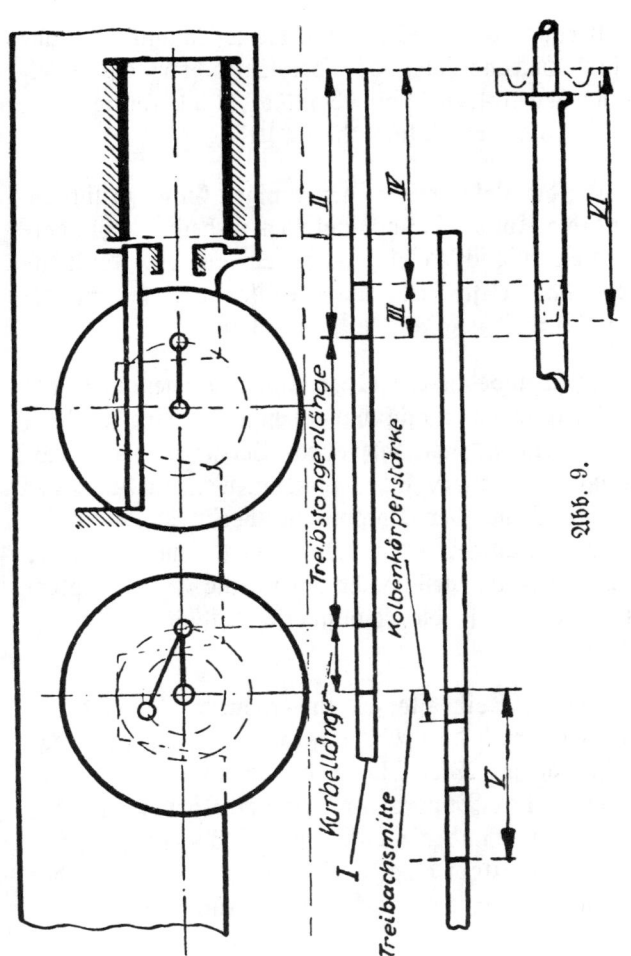

Abb. 9.

29

tritt ein Moment Stillstand, die sogenannte Totlage ein. Hieraus folgt, daß bei senkrechter Kurbelstellung der Kolben schon über die Zylindermitte, d. h. in der hinteren Zylinderhälfte steht.

Um der Lokomotive einen ruhigen Gang zu sichern, und die Kolbengeschwindigkeiten in beiden Zylinderhälften möglichst gleich zu halten, hat der Konstrukteur das Bestreben, die Treibstange lang und die Treibkurbel möglichst kurz zu halten.

Es ist unbedingt erforderlich, die Abmessungen der Kolbenstangen richtig vorzunehmen. Eine zu lang gewordene Stange darf durch Verkürzen der Treibstange nicht ausgeglichen werden, weil hierdurch der ruhige Gang der Lokomotive beeinträchtigt wird. Noch unrichtiger ist es, wenn aus diesem Anlaß der Zylinderdeckel geschwächt oder eine dicke Kupferunterlage auf die Zylinderschleiffläche aufgelegt wird.

Ist eine Kolbenstange zu erneuern, so wird auf dieser die nach dem Vorhergesagten gefundene Länge aufgetragen. Die Stärke des Kolbenkörpers zum Absetzen des Bundes, an den der Körper zur Anlage kommt, und die Länge des Stangenkopfes, der in den Kreuzkopf eingeschliffen wird, werden auf der rohen Stange angemerkt und hiernach diese bearbeitet. VI.

Kleine Differenzen von 1 bis 2 mm, die durch Einschleifen des Kopfes entstehen, bilden keine Gefahr.

## 10. Schädliche Räume.

Um außer dem ruhigen Gang die Betriebssicherheit der Lokomotive zu wahren, ist das genaue Einhalten der schädlichen Räume besonders wichtig.

Die Unterschiede dieser Räume vorne und hinten sind auf die Formen der Zylinderdeckel und Kolbenkörper zurückzuführen. Ihr Volumen ist vorne und hinten gleich. Würden die schädlichen Räume mit Wasser gefüllt, so müßte die Wassermenge vorne sowie hinten gleich sein.

Bei allen Heißdampflokomotiven (außer den Einheitslokomotiven) soll der lichte Abstand des Dampfkolbens vom hinteren Zylinderdeckel um 5 mm größer sein als der Abstand vom vorderen Zylinderdeckel.

Die schädlichen Räume in den Zylindern der Lokomotiven sind bei den verschiedenen Gattungen nach D. V. 120ᵃ folgende:

a) Alle Naßdampflokomotiven haben vorne 11 mm und hinten 9 mm.

b) Heißdampflokomotiven:

| | | vorne | | hinten | |
|---|---|---|---|---|---|
| S. 10[1] | vorne 10 mm, | | hinten 28 mm | | |
| P. 6 | „ 13 „ | | „ 29 „ | | |
| P. 8 | „ 13 „ | | „ 32 „ | älterer Bauart | |
| P. 8 | „ 13 „ | | „ 27 „ | neuerer Bauart | |
| G. 8 | „ 12 „ | | „ 21 „ | | |
| G. 8[1] | „ 9 „ | | „ 15 „ | | |
| G. 10 | „ 12 „ | | „ 32 „ | | |
| T. 16 | „ 12 „ | | „ 32 „ | | |
| T. 14 | „ 15 „ | | „ 32 „ | | |

1 C. P. 34. 15   vorne 9 mm,
  hinten 11 mm   &#125;

1 C. Pt. 35. 15 vorne 9 mm,
  hinten 11 mm    Einheitslokomotiven.

# 11. Kolbenkörper.

Da der Kolbenkörper mehrere abdichtende Feder=
ringe aufnehmen und auch eine feste Auflage auf
der Stange erhalten muß, ist er sehr stark gehalten.
In dieser Stärke ist sein Gewicht zu groß, so daß
sich die Kolbenstangentragbuchsen sehr schnell ab=
nutzen würden und somit ein Auflaufen des Körpers
auf der unteren Zylinderwandung begünstigt wird.
Aus diesem Grunde ist er vorn stark ausgespart und
der vordere Zylinderdeckel hat eine entsprechende
Form erhalten.

Wird ein Kolbenkörper erneuert, so muß auf seine Aussparung genau geachtet werden, damit letztere den Formen des Zylinderdeckels entspricht.

## 12. Zylinderdeckel.

Beim Erneuern eines Zylinderdeckels im Betriebe ist ganz besonders darauf zu achten, daß der neue Deckel dieselben Abmessungen wie der alte hat. Falls der alte Deckel zur Berichtigung des Totraumes durch Nachdrehen an der Profilseite geschwächt war, ist der neue Deckel ebenfalls zu schwächen, da sonst ein Anstoßen des Kolbenkörpers oder gar ein Heraustreiben des neuen Deckels zu erwarten ist.

## 13. Unterbringen einer Treibachse.

Soll eine Treibachse ausgewechselt werden (besonders eine, die nicht gezeichnet ist), so wird der Einfachheit halber die Achse auf der rechten Seite mit dem Treibzapfen nach oben gestellt. Nun denke man sich durch Treibzapfenmitte und Treibachsmitte eine senkrechte Linie. Steht der Zapfen der Gegenkurbel vor der senkrechten Linie, so läuft der Gegenkurbelzapfen dem Treibzapfen vor. (Voreilung.) (Abbildung 10.)

Steht der Zapfen der Gegenkurbel hinter der Linie, so läuft der Gegenkurbelzapfen dem Treibzapfen nach. (Nacheilung.) (Abb. 11.)

An der Lokomotive, bei der die Treibachse ausge=
wechselt werden soll, wird die Steuerung ganz nach
vorn gelegt. Liegt der Schwingenstein im oberen
Bogen der Schwinge, so hat die Lokomotive Vor=
eilung. (Bei Lokomotiven mit Inneneinströmung.)

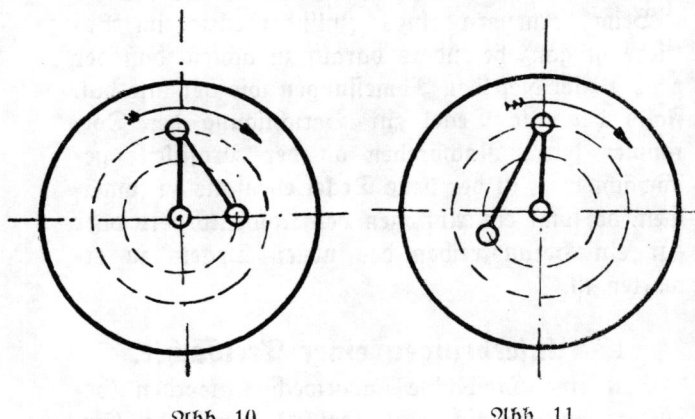

Abb. 10.                    Abb. 11.

Liegt der Schwingenstein im unteren Bogen der
Schwinge, so hat die Lokomotive Nacheilung. (Bei
Außeneinströmung hat die Lokomotive Voreilung.)

Steht nun bei der neu unterzubringenden Achse
der Zapfen der Gegenkurbel verkehrt, so muß sie
geschwenkt werden.

## 14. Unterlegen der Kreuzkopfgleitplatten.

Bei Zuglokomotiven, die gewöhnlich vorwärts
fahren und nur eine Gleitbahn für den Kreuzkopf

**34**

haben, wird in allen Fällen die untere Kreuzkopf=
gleitplatte am stärksten beansprucht. Es darf nie=
mals nur die obere Gleitplatte allein unterlegt, noch
darf die Gleitbahn selbst tiefer gelegt werden, weil
dadurch die festgelegte Entfernung von Unterkante
Gleitbahn bis zur Kolbenstangenmitte verändert
wird. Unsachgemäße Behandlungen machen sich in
folgendem bemerkbar:

1. Die Dichtringe der Kolbenstange werden dau=
   ernd undicht sein.

2. Es besteht die Gefahr, daß die Federführungs=
   buchsen den Kolbenstangen zu nahe kommen
   und diese dann beim Hubwechsel Risse erhalten
   (fressen).

3. Ist die Kolbenstange aus der Mitte gebracht,
   so laufen sich die Tragbuchsen bedeutend schnel=
   ler aus.

4. Sind die Tragbuchsen der Kolbenstangen aus=
   gelaufen, so laufen die Kolbenkörper auf den
   Zylinderwandungen.

5. Ist die Gleitbahn tiefer gelegt, so muß sie beim
   Erneuern der Kreuzkopfgleitplatten wieder in
   ihre ursprüngliche Lage gebracht und vermessen
   werden. Oder die neue Gleitplatte kann dann

nur so stark gehalten werden, wie die alte ab=
genutzte war.

Die Entfernungen von Unterkante Gleitbahn bis
zur Kolbenstangenmitte sollen auf jeder Gleitbahn
vermerkt sein und beibehalten werden.

Bei den G 10, P 8 und T 16 Lokomotiven be=
trägt diese Entfernung 160 mm.

Bei den S 10, P 6, G 8, T 14, T 13 und T 9
Lokomotiven beträgt sie 150 mm.

Und bei den Einheitslokomotiven 1 C P 34.15
und 1 C 1 Pt 35.15 beträgt sie 145 mm.

Beim Unterlegen eines Blechstreifens unter die
Kreuzkopfgleitplatte ist darauf zu achten, daß die
Oelrohre wieder in die Gleitplatte hineinragen.
Das alte Oelrohr wird um die Stärke der Blech=
einlage zu kurz werden, und das Oel läuft dann
nicht mehr auf die Gleitbahn, sondern zwischen Ein=
lage und Gleitplatte. Dadurch wird letztere trocken
laufen und nach kurzer Leistung unbrauchbar werden.

Um die Anfertigung von Unterlegblechen in den
Betriebswerken auf ein Mindestmaß zu beschrän=
ken, müssen von den E.=A.=Ws. die im Betriebe
eingelegten Beilagen nicht verworfen, sondern den
betr. Lokomotiven beim Ausgang wieder mitgegeben
werden, um im Bedarfsfalle im Betriebe wieder
Verwendung zu finden.

# 15. Dichtigkeitsprüfung von Kolben und Schiebern sowie Druckausgleichern unter Dampf.

Die Lokomotive wird ungefähr in Totpunktstellung gefahren, nehmen wir an, die rechte Seite nach vorne. Jetzt legt man die Steuerung auf Mitte und gibt Dampf. Vorher wird die Bremse angezogen oder die Achsen mit Holzklötzen verlegt. Bei geöffneten Zylinderhähnen (zweckmäßig läßt man den Zylinderhahnenzug geschlossen und klemmt nur unter das vordere oder hintere Zylinderhahnventil einen kleinen Keil oder Drahthaken, in diesem Falle unter das hintere, damit das Ventil geöffnet steht) beachtet man jetzt den rechten hinteren Zylinderhahn. Ist der Dampfkolben dicht, so darf hier kein Dampf austreten. Da wie bekannt in der Totpunktstellung des Kolbens der Schieber um seine Voreilung den Dampfeinströmkanal geöffnet hat, ist der hintere Einströmkanal nach dem Zylinder durch den Schieber abgeschlossen. Die Zylinderseite hinter dem Dampfkolben steht durch das Blasrohr mit der freien Luft in Verbindung. Gleichzeitig kann in dieser Stellung der Druckausgleicher geprüft werden, der sich bei Undichtsein oder durch Festsetzen im geöffneten Zustand durch starkes Heulen bemerkbar macht. Ebenso kann man in dieser Stellung auch gleich auf der linken Seite den Schieber prüfen. Da die Treibzapfen der Lokomotive um 90° versetzt

**37**

sind, steht jetzt auf der linken Seite der Treibzapfen senkrecht zur Zylindermitte nach oben. Es steht hier der Schieber genau auf Mitte und deckt mit seinen inneren Ueberdeckungsflächen beide Einströmkanäle nach dem Zylinder.

Ist der Schieber dampfdicht, so darf aus dem vorderen und hinteren Zylinderhahnventil kein Dampf ausströmen.

Bei dieser Prüfung ist jedoch zu beachten, daß beim Verschleiß der Schieberdichtringe, diese dann an den Stoßfugen zu weit auseinander stehen werden. Außerdem stehen gewöhnlich zwei Schieberringe von jedem Schieberkörper — bei Schieber auf Mitte — gerade über den Ein= bzw. Ausströmkanälen. Es wird also bei solchen Schiebern etwas Dampf austreten.

Um Irrtümer bei der Reparaturangabe zu vermeiden, muß man hier die Steuerung etwas verlegen und zwar so, daß der betr. Schieberkörper, den man prüfen will, nach innen verschoben wird. Der Schieberkörper kommt dadurch mit seinen sämtlichen Dichtringen innerhalb der Schieberbuchse zu stehen. Mit dem anderen Schieberkörper wird ebenso verfahren.

Der Schieber ist noch als betriebsfähig anzusprechen, wenn dann aus dem betreffenden Zylinderhahn kein Dampf austritt.

38

Tritt bei dieser Prüfung Dampf in stärkerem Maße aus dem Schornstein, so müssen die Ausströmkästen nachgezogen werden. Durch dieses Festziehen werden die Schieberbuchsen auf ihre abdichtende Schleiffläche gedrückt. Wird das Ausströmen des Dampfes dadurch nicht behoben, so müssen die Schleifflächen der Schieberbuchsen nachgeschliffen werden.

Bei einiger Uebung lernt man nach der Stärke des austretenden Dampfes die ziemlich genaue Angabe des Fehlers. Im R.=A.=W. Kbg. werden diese Schleifflächen in folgender Weise geprüft:

Der vordere und der hintere Schieberkastendeckel werden entfernt und die Schieber herausgenommen. In jede Schieberbuchse setzt man einen nachstehend beschriebenen Kolben ein, um die Dichtigkeit der Schieberbuchsen auf ihren Schleifflächen mit Wasser zu prüfen. Der Kolben besteht aus einer konisch abgesetzten 30 mm starken Scheibe, die auf einer Stange mit Gewinde und Mutter befestigt ist, einem Gummiring, der auf den konischen Teil der Scheibe gesteckt wird und einer geraden Scheibe, die sich auf den Gummiring legt und beim Festdrücken den Gummiring auf den Konen preßt. Die 30 mm starke Scheibe ist 10 mm zylindrisch gehalten und dann nach der Stange zugekehrt konisch abgesetzt, um den Gummiring aufzunehmen, der ungefähr 15 mm breit und 10 mm stark ist. Die gerade

Scheibe ist etwas schwächer gehalten. Der Durch=
messer von beiden Scheiben ist 1—2 mm kleiner
als der der Schieberbuchse. Die Kolbenstange ist
650 mm lang und 25 mm stark. Das vordere Ende
ist mit Gewinde versehen. Vor diesem ist ein Vier=
kant abgesetzt, um ein Wendeeisen aufstecken zu kön=
nen. Dieser Kolben wird nun in die Schieberbuchse
so eingesetzt, daß die äußere Kante der geraden
Scheibe die Einströmkanäle der Schieberbuchse nach
außen frei läßt. Die Stange des Kolbens ist so
lang gehalten, daß sie aus dem Ausströmkasten hin=
ausragt, damit die Feststellmutter außerhalb des
Ausströmkastens steht. Zwischen Feststellmutter und
gerader Scheibe steckt man ein Rohr über die Kol=
benstange und preßt jetzt durch Festziehen der Mut=
ter den Gummiring auf die konisch gedrehte Scheibe.
Der Gummiring legt sich nun an die Schieberbuchs=
wandungen und dichtet sie ab. Die andere Schieber=
buchse wird in gleicher Weise abgedichtet. Dadurch
ist der Einströmraum abgeschlossen.

Das Zylindersaugeventil wird dann vom Stutzen
abgeschraubt und durch diesen der Dampfeintritts=
raum mit Wasser gefüllt. Das vordere und hintere
Zylinderhahnventil muß durch Festklemmen etwas
gelüftet werden. Tritt jetzt kein Wasser aus den ge=
lüfteten Ventilen heraus, so sind die Schleifflächen
dicht. Die andere Seite der Lokomotive wird ebenso
geprüft.

**40**

# 16. Prüfen des Kreuzkopfes, der Stangenlager nebst Gelenkbolzen, der Achslager und Achsbuchsgleitführungen auf festem Sitz.

Die Lokomotive wird auf einer Seite auf höchsten Hub, d. h. so gestellt, daß der Treibzapfen senkrecht zur Zylindermitte steht. Die Bremse wird angezogen und die Steuerung auf Mitte gelegt. Die Schieberkasten werden jetzt mit normalem Kesseldruck gefüllt und die Steuerung wiederholt vor- und rückwärts völlig ausgelegt.

Ein auf der Erde stehender Bediensteter beobachtet während dieses Steuerungsverlegens die Achsbuchsgleitführungen, Stellkeile, Stangenlager, Gelenkbolzen, Gewerksteile, Kreuzköpfe, Federungsteile usw. und wird hierbei jede Lose wahrnehmen.

Etwas schwieriger, aber immerhin verhältnismäßig leicht ist es festzustellen, ob die Achsschenkel im Achslager oder die Achslager in den Achsbuchsen oder die innen liegenden Gewerkteile ausgeschlagen sind. Gleichzeitig muß bei dieser Probe der feste Sitz der Rahmenverbindungen beobachtet werden.

Die Lokomotive wird über die Löschgrube gefahren und bei höchstem Hub, wie vorher, geprüft. Der in der Grube stehende Bedienstete kann von hier aus die Bewegungen der ausgeschlagenen und losen Teile genau beobachten.

Die andere Lokseite wird derselben Prüfung unterzogen. Bei genauer Ausführung der unter 14 bis 17 beschriebenen Proben können ungenaue oder gar unrichtige Eintragungen in die Reparaturbücher oder Reparaturzettel für das E. A. W. nicht mehr vorkommen.

Da die ganze Prüfung rund 40 Minuten Zeit beansprucht, in den weitaus meisten Fällen aber nur der eine oder andere Fehler festzustellen ist, wird auch nur ein Teil der vorgenannten Zeit benötigt. Ueber die Vorteile einer so durchgeführten Prüfung dürften kaum Zweifel bestehen, zumal die Betriebswerke und auch die Ausbesserungswerke hierdurch vor unnötigen, sehr oft recht umfangreichen Arbeiten verschont bleiben.

## 17. Prüfen der Ein= und Ausströmrohre, der Ueberhitzerelemente an ihren Dichtungsstellen, des Bläsers, des Funkenfängers, des Einspritzers und der Paßbleche in der Rauchkammer.

Nachdem man sich am vorderen Teil der Rauchkammer einen passenden Platz gesichert hat, wird die Rauchkammertür geöffnet. Der Bläser sowie der Einspritzer werden angestellt, um zu sehen, ob diese Teile sich in ordnungsgemäßem Zustand befinden. Funkenfänger und Paßbleche müssen gut abdichten, damit Flugasche nicht ins Freie entweichen kann.

Eine gut abgedichtete Rauchkammer fördert das Dampfmachen.

Dann wird die Lokomotive mit leicht angezogener Bremse rückwärts gefahren. Durch austretenden Dampf machen sich die undichten Teile bemerkbar. Gleichzeitig wird der Auspuff der Lokomotive beobachtet, ob der austretende Dampf, ohne sich vorher zu stoßen, durch den Schornstein ins Freie entweichen kann.

Vor und während der Fahrt ist besonders zu achten:

Auf festen Sitz der Schlingervorrichtung an Kessel und Zugkasten der Rahmenverbindung, Stoß und Zugvorrichtung zwischen Maschine und Tender, sowie unruhigen Gang der Lokomotive.

Letzterer ist gewöhnlich außer dem vorhergesagten, auf nicht genügende Auflage des Kessels auf den seitlichen Kesselträgerleisten und dem mittleren Kesselhalter, sowie lose Befestigung der Rauchkammer am Rahmen zurückzuführen.

Ebenso können die Kuppelachs- und Treibradreifen verschiedene Durchmesser haben, oder Achsschenkelmitte und Radreifenmitte laufen nicht zentrisch.

Es kann auch das Stichmaß der Achs- und Stangenlager ungenau sein. Deshalb ist es erforderlich, bevor die Stangenlager nachgezogen werden, die Achsbuchsstellkeile auf festen Sitz zu prüfen.

# 18. Stichmaße des Rahmens und der Achslagergehäuse.

Jeder Rahmenausschnitt für die Achsbuchse muß mit drei Kontrollkörnern versehen sein, die sich durch einen Richtkreis verbinden lassen müssen. Der obere der Körner bezeichnet die Mitte des Ausschnittes. Die anderen beiden, zu jeder des Ausschnittes je einer, liegen in einer wagerechten Linie. Wird der obere Körner durch eine senkrechte Linie mit der wagerechten verbunden, so bildet der Schnittpunkt den Mittelpunkt des Richtkreises.

Der Mittelpunkt dieses Richtkreises ist beim Vermessen des Rahmens die genaue Achslager= bzw. Achsschenkelmitte.

Bei Lokomotiven, deren Zylinder wagerecht zur Treibachsmitte liegen, muß Zylinderachse mit Treib= achs= und Kuppelachsmitten in einer Geraden zu= sammenfallen.

Bei Lokomotiven, deren Zylinder schräge zur Treibachsmitte liegen, muß die verlängert gedachte Zylinderachse genau die Treibachsmitte durchschnei= den. Die Kuppelachsmitten müssen mit diesem Schnittpunkte in eine wagerechte Linie fallen.

Die Entfernung (Stichmaß) von einer Achsmitte zur anderen ist gleichzeitig die Entfernung (Stich= maß) von Mitte des zugehörigen Kuppelzapfens bis zur Mitte des anderen zugehörigen Kuppelzapfens.

Auch muß die Zylinderachse mit dem Rahmen parallel laufen, damit die verlängerte Zylinderachse auf Mitte des Treibzapfenschenkels zu stehen kommt.

Die Mitte der Achslagergehäuse ist ebenfalls durch einen Kontrollkörner gekennzeichnet.

Beim Ausgießen und Ausbohren der Achslager ist dieser Kontrollkörner stets als Mitte für das Lager zu nehmen.

## 19. Nachstellen der Achsbuchsstellkeile.

Die unter Dampf stehende Lokomotive wird in der Richtung der festen Achsbuchsführung gefahren. Z. B. befindet sich der Achsbuchsstellkeil nach vorne, so fährt man rückwärts, steht der Stellkeil nach hinten, so wird vorwärts gefahren.

In dieser Stellung drückt die Achse die Achsbuchse gegen die feste Achsbuchsführung, und der Stellkeil ist entlastet.

Die Muttern der Achsbuchsstellkeilschrauben werden gelöst, der Stellkeil mit dem Schraubenschlüssel hochgedrückt und in dieser Lage durch die Muttern wieder festgestellt.

Hierbei hat man die Gewähr, daß der Stellkeil nicht zu lose und auch nicht zu fest wird.

Wird die Lokomotive nicht mit eigener, sondern durch fremde Kraft bewegt, so drückt jetzt der Rahmen mit der Achsbuchsführung gegen die Achsbuchse und Achse.

Folglich läßt man hier die Lokomotive in entge=
gengesetzter Richtung, als die mit eigener Kraft be=
wegte, verschieben.

## 20. Nachstellen der Stangenlager bzw. Erneuern.

Die Stangenlager werden am vorteilhaftesten im
toten Punkt der Lokomotive einmal nach vorne und
einmal nach hinten nachgestellt. Sollte hierbei nach
vorne eine Lagerschale fest, nach hinten dieselbe La=
gerschale lose sein, so muß das Stichmaß berichtigt
werden.

Ist durch ungenaues Stichmaß ein Lager mehr
als das andere ausgelaufen, so muß dieses eine
schwächere Blechbeilage erhalten. Dadurch würde
aber beim Stichmaß in Totpunktstellung nach vorne
und Totpunktstellung nach hinten die eine am Stell=
keil liegende Lagerschale einmal fest und einmal lose
sein. Es muß deshalb ein Blechstreifen, der die
halbe Stärke der neu eingesetzten Blecheinlage hat,
hinter die andere Lagerschalenhälfte gebracht wer=
den, damit der Stellkeil das Lager gleichmäßig an=
ziehen kann und der Lagerschnitt wieder auf Oel=
tüllenmitte steht.

Da die Vorschriften beim Stichmaß der Achs=
buchsmitten, Achslager und Stangenlager kleine Ab=
weichungen (Toleranz), hervorgerufen durch unrunde
Achsschenkel, Kuppel= und Treibzapfen, zulassen,

werden im Betriebe besonders nach längerer Betriebsdauer auch immer kleine Abweichungen im Stichmaße vorhanden sein.

Stangenlager müssen auf ihre Stirnfläche einen Kontrollkreis zum Kennzeichnen haben, damit beim Erneuern des Weißmetalls die Zapfenbohrung genau wieder zur Lagermitte gebracht werden kann. Die senkrechte Uebertragung des Mittelpunktes des Kontrollkreises muß auf dem Stangenkopfe als Körnermarke vermerkt sein und soll möglichst mit der Mitte der Oeltülle übereinstimmen. Von dieser Körnermarke (Oeltüllenmitte) bis zur nächsten (Oeltüllenmitte) wird das betreffende Stangenstichmaß entnommen.

Die Blechbeilagen sind stets fest zu halten, um ein Ausschlagen des Lagers im Stangenschloß und an den Stoßflächen zu verhüten.

Muß jedoch durch Warmlaufen ein Lager gelöst werden, so ist dieses im Reparaturenbuch sofort zu vermerken (ungenaues Stichmaß).

Ausgeschlagene Stoßflächen dürfen aber nicht, ohne Auftragen von Metall auf den ausgeschlagenen Flächen, nachgearbeitet werden, da sonst der Durchmesser (Urmaß) des Kontrollkreises verändert wird.

Bei den Treibstangenlagern ist im Betrieb beim Ausgießen bzw. Nachpassen der Lagerschalen ganz besonders darauf zu achten, daß die Oeltülle zur

Lagermitte steht. Durch nicht genaues Aus= und Abmessen der Zylinderlängen, Kolbenweg und Kolbenstangen ergibt sich ein unrichtiger schädlicher Raum entweder nach vorne oder nach hinten. In vielen Fällen läßt sich ohne Erneuern der Kolbenstange dieser Fehler nicht beseitigen. Es wird daher versucht, durch Schwächen der Lagerschale am Kreuzkopfende oder am Treibzapfenende den fehlenden schädlichen Raum auszugleichen. Die Oeltülle steht dann aber nicht mehr zur Lagermitte, solche Arbeitsweise ist zu verwerfen, weil hierdurch — beim Erneuern der Lagerschalen muß die Lagermitte wieder zur Oeltüllenmitte gebracht werden — das Zertrümmern der Zylinderdeckel begünstigt wird.

## 21. Druckausgleicher.

Den ruhigen Lauf der Lokomotiven im Leerlauf beeinflußt auch das Festsetzen der Druckausgleicher im geschlossenen Zustande. Meistens tritt das Festsetzen und Nichtöffnen der Ausgleicherventile dann ein, wenn die Rohranschlußdüsen verstopft sind. Die Druckluft kann dann den kleinen Luftkolben, der vermittels der Ventilstange mit dem Ausgleicherventil verbunden ist, nicht umsteuern und öffnen.

Hier schraubt man die Rohrverschraubung der Druckluft am Druckausgleicher ab und stößt mit einem feinen Draht durch den Düsennippel.

Unter dem Luftkolben sitzt auf derselben Ventil=
stange ein größerer Kolben und zwischen beiden eine
Feder, die das Ausgleicherventil vor dem Dampf=
geben schließt. Der Dampf, der auf den größeren
Kolben drückt, hält das Ventil in der geschlossenen
Lage fest.

Es kann nun auch der Fall eintreten, daß aus
Versehen, beim Nacharbeiten an der Ventilstange,
Scheiben und Muttern verarbeitet wurden, die zu
stark waren. Das Ausgleicherventil wird dann
nicht vollständig schließen und heult beim Dampf=
geben durch, oder die Ventilstange stößt in der Füh=
rung unter dem Ausgleicherventil auf und verbiegt
sich.

Hat der Druckausgleicher ein Hahnküken und wird
durch Hebelübertragung betätigt, so kann auch das
Hahnküken nicht genügend öffnen, wenn in den He=
beln und Stangen zu viel toter Gang vorhanden ist.

Dieses Festsetzen bzw. nichtgenügendes Oeffnen
der Ausgleicherventile macht sich durch übermäßiges
Schlagen des betreffenden Zylindersaugeventils beim
Leerlauf bemerkbar und hebt den Ausgleich zwischen
beiden Dampfkolbenseiten auf. Der Dampfkolben
übt jetzt bei seiner hin= und hergehenden Bewegung
einmal eine saugende und einmal eine drückende
Wirkung aus.

Bei älteren P 6=Lokomotiven ist das starke Schla=
gen der Zylindersaugeventile nicht nur auf das Fest=

**4**

setzen der Druckausgleicherventile, sondern auch auf den zu kleinen Querschnitt des Ausgleicherraumes zurückzuführen.

## 22. Neue Anordnung der Druckausgleicher.

Als Neuerung an den neuen Einheitslokomotiven ist die getroffene Anordnung der Druckausgleicher auf dem Schieberkasten anzusehen, bei der die Zylinderfaugeventile fortfallen können.

Der Druckausgleicher besteht aus einem zylindrischen Gehäuse, das wagerecht auf zwei Stutzen mit Vierkantflansche ruht, die durch Linsendichtung mit dem Dampfzylinder verbunden sind. Zu beiden Seiten, gerade über den Stutzen, sind die Ausgleicherventile gelagert, die beim Leerlauf der Lokomotive die Verbindung durch den Hohlraum des Gehäuses zwischen beiden Dampfkolbenseiten um die Schieberbuchsen durch die Ein= bzw. Ausströmkanäle herstellen.

Durch diese Maßnahme werden die Ausgleicherräume, aber auch gleichzeitig die schädlichen Räume, die um die Schieberbuchsen bis zu den Ausgleicherventilen gehen, vergrößert. Jedoch infolge der engen Querschnitte kann der Kompressionsdruck bei großen Kolbengeschwindigkeiten im Leerlauf nicht so schnell überströmen, um sich in dem anderen Zylinderende auszugleichen. Es findet daher das Verlangsamen der Geschwindigkeit und das Einsaugen der Rauch=

kammerlösche beim Leerlauf (bzw. Festbrennen der Schieberringe) fast ebenso schnell wie bei der alten Anordnung statt.

In der Mitte des Gehäuses befindet sich in der Längsrichtung ein kleiner Luftzylinder, der durch Rippen mit der Gehäusewand verbunden ist und durch diese in seiner Mittellage gehalten wird. Hierdurch ist ein Hohlraum zwischen der inneren Gehäusewand und der äußeren Luftzylinderwand geschaffen worden, der als Ausgleicherraum dient.

Den Abschluß oder die Verbindung des Ausgleicherraumes bewirken die Ausgleicherventile.

Jedes Ausgleicherventil wird durch eine Stange, die an ihrem inneren Ende einen kleinen Dichtringkolben hat und an dem äußeren Ende durch einen kleinen Führungskolben in seiner jeweiligen Lage gehalten.

Der Dichtringkolben liegt im Luftzylinder und nimmt beim Umsteuern das Ausgleicherventil mit.

Der Führungskolben greift in die Aussparung des Deckels, in der sich auch die Rückstellfeder zum Schließen des Ventils befindet und dient bei Zwillingslokomotiven lediglich nur zur Führung. Bei Verbundlokomotiven wird an Stelle des Führungskolbens ein Dichtringkolben eingesetzt und für die untere Verschlußschraube wird eine Druckluftrohrverschraubung angebracht. Denn beim Anfahren mit der Verbundlokomotive dient der Druckausglei-

cher als Anfahrvorrichtung. Die Druckausgleicherventile des Hochdruckzylinders werden hier beim Anfahren geöffnet gehalten, damit Frischdampf nach
dem Niederdruckzylinder überströmen kann.

Den Abschluß des kleinen inneren Luftzylinders
bewirken Verschlußschrauben, die gleichzeitig als
Führung für die Ausgleicherventilstange dienen. Um
diese Verschraubungen zugänglich zu machen, sind
seitlich am Gehäuse längliche Flansche angebracht
worden.

Beim Schließen des Reglers werden die Druckausgleicherventile von Hand durch den Umstellhahn
mit Druckluft geöffnet und beim Ablassen der Druckluft über den Umstellhahn durch eine Feder geschlossen.

Sie sind hier wie bei der alten Anordnung auch
auf Schleifflächen gelagert, nur mit dem Unter-
schied, daß die Ventilsitze bei der alten Bauart im
Gehäuse sitzen und sich bei der neuen in losen her-
ausnehmbaren Buchsen befinden. Diese Buchsen,
die den Schieberbuchsen ähnlich sind, werden ebenfalls auf Schleifflächen abgedichtet.

Hier ist zu beachten, daß beim Nacharbeiten der
Schleifflächen die Buchsen aus dem Gehäuse noch
etwas hervorstehen müssen. Wenn nämlich die Buchsen
zu kurz sind (nach Zeichnung soll die Buchse 0,3 mm
länger sein als das Gehäuse), so kommen die Schleifflächen nicht zu dampfdichtem Abschluß. Beim

**52**

Dampfgeben heulen sie durch. Es sind deshalb bei Undichtsein des Druckausgleichers nicht nur die Schleifflächen der Ventile und Buchsen nachzuarbeiten, sondern es muß auch auf die Länge der Buchsen geachtet werden.

Dieses ist ohne großen Zeitverlust schnell festzustellen, indem die vorne und hinten liegenden leicht zugänglichen Deckel abgenommen und die lose gelagerten Buchsen mit der Hand bewegt werden, um zu sehen, ob sie zum Abdichten hervorstehen.

Unter Dampf prüft man diese Teile in Totpunktstellung der Lokomotive bei Steuerung auf Mitte und festgezogener Bremse. Die länglichen Flansche, die seitlich am Druckausgleicherraum angeordnet sind, werden hierbei losgenommen. Dieser Raum steht sonst niemals unter Dampfdruck, außer beim Anfahren der Verbundlokomotive. Beim Dampfgeben kann nun festgestellt werden, ob der Sitz des Ventils oder die Schleiffläche der Buchse undicht ist.

Die Luftkolben, die die Druckausgleicherventile betätigen, werden gleichfalls durch diese Flanschöffnungen geprüft. Sobald der Umstellhahn auf dem Führerstand auf- und zugemacht wird, ist an diesen Oeffnungen zu sehen, ob die Kolben umsteuern. Gleichzeitig prüft man sie auf Dichtigkeit. Luft darf über die Kolben nicht strömen.

In der Mitte des zylindrischen Gehäuses, das beide Eckventile verbindet, befinden sich seitlich zwei Entwässerungsrohre. Das obere ist am Luftzylinder angeschlossen und hat einen Entwässerungshahn, den man geschlossen hält, wenn die Lokomotive im Betriebe ist, weil der Raum beim Leerlauf der Lokomotive unter Druckluft steht. Das untere Rohr dient zur Entwässerung des Ausgleicherraumes. Um das Einsaugen von kalter Außenluft bei Leerlauf zu verhindern, wäre es hier auch zweckmäßig, einen Absperrhahn anzubringen.

## 23. Druckausgleich=Kolbenschieber, Bauart Nicolai.
## Union=Gießerei, Lokomotivfabrik, Königsberg i. Pr.

Wie schon der Name sagt, stellt dieser Schieber den Druckausgleich (Verbindung) zwischen beiden Dampfkolbenseiten beim Leerlauf der Lokomotive her.

Die jetzt an den Lokomotiven vorhandenen Druckausgleichventile, Zylindersicherheitsventile und Zylindersaugeventile kommen hierbei in Fortfall, desgleichen der Anstellhahn und die Luftleitung zur Betätigung der Druckausgleich= und Zylindersaugeventile.

Jeder Schieber ist zweiteilig ausgeführt, und zwar sitzen die beiden äußeren Schieberteile 1 auf der

Schieberstange fest und sind mit Durchgangsöffnungen versehen, dagegen sind die beiden inneren Schieberteile 2 auf der Schieberstange beweglich angeordnet und vollwandig ausgeführt.

Abb. 12 zeigt den Schieber geöffnet in der Ruhe- und Leerlaufstellung, Abb. 13 den Schieber unter Dampfdruck geschlossen im Arbeitsgang.

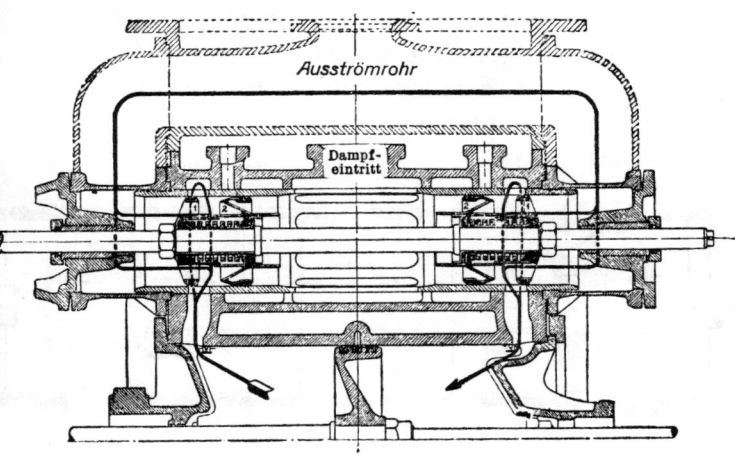

Abb. 12.
Kolbenschieber geöffnet in — Ruhe- und Leerlaufstellung —.

In der Schieberleerlaufstellung nach Abb. 12 werden die beweglichen Schieberteile 2 durch je eine mit entsprechender Spannung eingesetzte Feder von den Teilen 1 so weit verschoben, daß durch den geöffneten Schieber und die Durchgangsöffnungen in den Schieberkörpern Teil 1 und in Verbindung mit den im Zylinder wagerecht angeordneten Verbindungsrohr der Ausströmkasten der Druckausgleich zwischen den beiden Dampfkolbenseiten hergestellt ist.

Für den Schieber in der Leerlaufstellung nach Abb. 12 werden die beweglichen Schieberteile 2, außer von den vorhandenen Spannungsfedern, noch durch besonders angeordnete innen liegende Luftpuffer in ihrer Lage festgehalten, so daß selbst bei der größten Schiebergeschwindigkeit eine Veränderung in der Lage der Schieberteile 2 nicht eintreten kann.

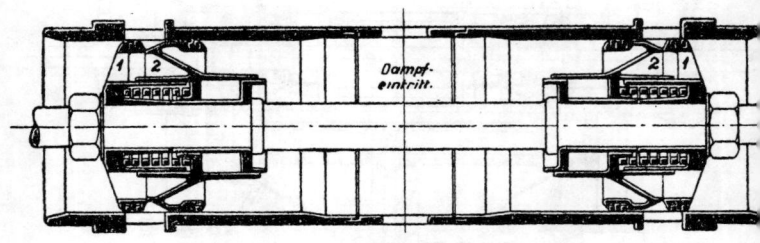

Abb. 13.
Kolbenschieber unter Dampfdruck — geschlossen im Arbeitsgang —.

Beim Oeffnen des Reglers und Dampfeintritt in den mittleren Raum des Schieberkastens schließen sich die beiden Schieberteile 2 auf die festsitzenden Teile 1 auf, der Schieber erhält entsprechend der

56

Abb. 13 die bekannte Form der Regelkolbenschieber und steuert unter Dampf genau wie dieser.

Die Behandlung des Schiebers im Betrieb ist im wesentlichen dieselbe wie beim normalen Schieber.

Nach Reglerschluß erfolgt beim Uebergang der Lokomotive vom Arbeitsgang in den Leerlauf das Auslegen der Steuerung auf größere Füllung wie bisher.

Ebenso wird beim Wiederöffnen des Reglers die Steuerung auf die gebräuchlichste Füllung 20 bis 30 % gelegt, um hier einen schnelleren Schluß des Schiebers herbeizuführen, während beim Regelkolbenschieber das Einlegen der Steuerung ein Einsaugen von kalter Luft und Rauchkammerlösche verhindern soll.

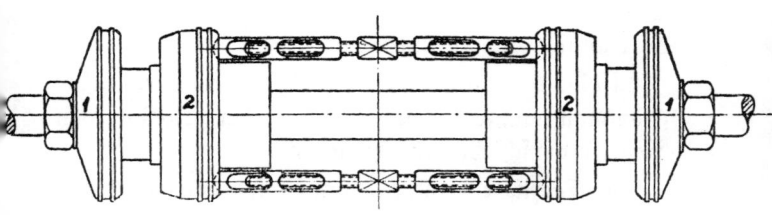

Abb. 14.
Kolbenschieber geöffnet und mit eingelegter Spannvorrichtung.

Zum Einregulieren der Schieber im kalten Zustand der Lokomotive ist eine einfache Spannvorrichtung vorgesehen, die die beiden beweglichen Schie=

berteile 2 mit den festliegenden Teilen 1 zusammen=
drückt.

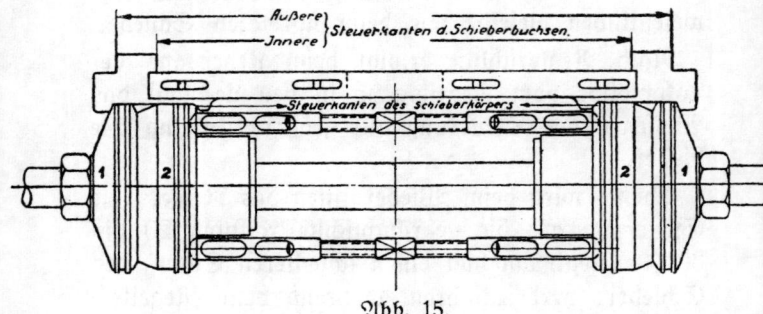

Abb. 15.

Kolbenschieber durch die Spannvorrichtung zusammengelegt
zur Kontrolle der Steuerkanten u. Regulierung der Steuerung.

Nach der Regulierung der Steuerung ist der
Schieber wieder herauszunehmen und die Spann=
vorrichtung zu entfernen.

Erfolgt die Einstellung des Schiebers durch Dia=
grammaufnahme, so ist hier wie beim gewöhnlichen
Regelkolbenschieber zu verfahren.

Auf Dichtigkeit unter Dampf wird der Druckaus=
gleichkolbenschieber ebenso geprüft wie der Regel=
kolbenschieber.

Der Zeitraum der planmäßigen Schieberunter=
suchung kann bei Dichtsein des Schiebers verlängert
werden, weil ein Verschmutzen oder Verkrusten der
Oelrückstände an den Schieberringen und Einström=

kanälen nicht mehr so stark eintreten kann, da nach Reglerschluß hier sofort der Druckausgleich vor und hinter dem Dampfkolben stattfindet und der Eintritt kalter Außenluft in die unter Heißdampstemperatur stehenden Kolbenschieber- und Dampszylinderräume unterbleibt.

Der Druckausgleichkolbenschieber Ricclai ist gleich= zeitig ein Sicherheitsorgan gegen Wasserschläge, dieselben öffnen infolge ihres Ueberdruckes den in= neren Schieberteil 2 und werden durch Schieberteil 1 nach der Ausströmung hin abgeleitet.

Durch Fortfall der Druckausgleich= und Zylinder= saugeventile erübrigt sich gleichzeitig für das Loko= motivpersonal die Betätigung des Anstellhahnes beim Oeffnen und Schließen des Reglers, da sich dieser Schieber für den Druckausgleich selbsttätig öffnet und beim Dampfgeben wieder schließt.

Es kommt somit zur Herstellung des Druckaus= gleiches zwischen beiden Dampfkolbenseiten jeder Verbrauch von Preßluft in Fortfall.

## 24. Mangelhaftes Dampfmachen der Lok.

Vorausgesetzt, daß Kolben und Schieber in Ord= nung sind, muß, bevor der Blasrohrkopf (Exhaustor) verengt wird, zuerst der Abstand der Blasrohr= mündung bis zur Rauchkammermitte, ebenso die Blasrohrmitte zur Schornsteinmitte und der Durch=

meſſer der Blasrohrmündung nachgemeſſen werden. (Dienſtanweiſung 120ª.)

Die übermäßige Verengung der Blasrohrmün= dung beeinträchtigt den ruhigen Lauf und die Leiſtungsfähigkeit der Lokomotive ungünſtig. Um die Fahrzeit einzuhalten, iſt der Lokführer gezwun= gen, mit größerer Füllung zu fahren. Dieſes wirkt wiederum ſchädigend auf die Lokomotive ein, da die Dampfkolben nicht ſo ſchnell den auspuffenden Dampf aus den Zylindern durch die verengte Blas= rohrmündung durchdrücken können.

Sehr weſentlich wird das gute Dampfmachen auch durch den Keſſelſtein beeinträchtigt, der ſich an den Keſſel= und Rohrwandungen feſtſetzt und ein ſchlech= ter Wärmeleiter iſt. Es iſt deshalb erforderlich, daß der Keſſel gut gereinigt wird und je nach Bean= ſpruchung desſelben in gewiſſen Zeitabſtänden meh= rere Heizrohre entfernt werden.

Bei Zuführung der Lokomotive zur Z.=A. nach dem E. A. W. müßte das Auswechſeln von mehre= ren Heizrohren jedesmal verlangt werden.

Wichtig iſt bei Lokomotiven mit Vorwärmern die richtige Abmeſſung der Linſe vom Dampfrohr, das nach dem Vorwärmer führt. Dieſe Linſe ſoll 70 mm lichte Weite haben. Sie kann bei ſchwachem Dampf= machen der Lokomotive bis auf 65, 60 und 55 mm lichte Weite verengt werden. Hat die obere Linſe vom Dampfeinströmrohr des Vorwärmers 70 mm lichte Weite, so ist die untere Linse vom Abdampf= rohr des Vorwärmers, das ins Freie oder nach dem Wasserabscheider führt, auf 55 mm lichte Weite zu halten.

Wurde die obere Linse jedoch bis auf 55 mm lichte Weite verengt, so muß die Abdampflinse auf 50 mm lichte Weite verengt werden.

Im Vorwärmer soll ungefähr ein Dampfdruck von 2 atü vorhanden sein, damit das Speisewasser ge= nügend vorgewärmt wird.

Es ist auch für gut gereinigte Rauch= und Heiz= rohre Sorge zu tragen, um die Rauch= und Heiz= gase ungehindert die Rohrwandungen durchziehen zu lassen.

Ebenso müssen Ein= und Ausströmrohre sowie die Rauchkammertür gut abdichten. In der Rauchkam= mer muß der auspuffende Dampf der Lokomotive ein Vakuum bilden können, so daß atmosphärische Luft durch Einströmen in den Aschkasten das Feuer zur höchsten Glut entfachen kann.

## 25. Prüfen des Vorwärmers und der Speisewasser=Kolbenpumpe auf Undichtigkeit.

Die Luftpumpe muß abgestellt werden, damit ihr Abdampf nicht nach dem Vorwärmer entweichen kann. Die Rohrverschraubung am Heizmantel der Kolben=

pumpe, die das Rohr, das nach dem Vorwärmer führt, befestigt, wird abgeschraubt. Der Abdampf der Kolbenpumpe wird jetzt ins Freie geführt. Tritt nun beim Anlassen der Kolbenpumpe aus dem Heizmantel Wasser heraus, so ist der Wasserzylinder der Kolbenpumpe entzwei.

Tritt Wasser aus dem Ablauf des Vorwärmers heraus, so sind die Rohre im Vorwärmer gerissen.

––––––––––

Um Leerlauf in der Arbeitsausführung zu vermeiden, soll ein Sonderfall erwähnt werden:

An einer Lokomotive, die schon ein Jahr Betriebsdienst geleistet hatte, schaffte die Kolbenpumpe nicht mehr genügend Wasser in den Kessel. Es wurde hier zuerst die Kolbenpumpe und dann der Vorwärmer ausgewechselt. In jedem Falle jedoch ohne Erfolg. (Die Luftpumpe war vorher abgestellt worden.) Um den versteckten Fehler zu suchen, nahm man nun, was ganz richtig war, zuerst die Verschraubung des Feuerlöschstutzens los, um den Druck des Wasserstrahles zu prüfen. Dieser blieb aber dauernd sehr gering. Dann sah man sämtliche dazugehörige Ventile, die unter Dampf zugänglich sind, nach, konnte aber auch hier nichts Besonderes finden. Zum Schluß ließ man den Dampf der Lokomotive ab, um das Dampfanlaßventil und auch gleichzeitig das Kesselabsperrventil nachzusehen, da man annahm, daß der Hub des Ventilpilzes zu gering sei oder der Pilz sich gelöst habe. Beide Ventile waren in Ordnung. Die Lokomotive wurde dann wieder unter Dampf gesetzt und vor dem Anlassen der Pumpe die untere Verschraubung vom Abdampfrohr am Heizmantel losgenommen. Jetzt schlug die Pumpe in schnellen Schlägen und schaffte auch genügend Wasser in den Kessel hinein. Beim Wiederbefestigen des Abdampfrohres ging sie jedoch nach einigen schnellen Schlägen ebenso langsam wie bisher. Dieses zeigte an, daß das Abdampfrohr verstopft war; denn als die Verschraubung am Hosenrohrstück gelöst wurde, machte sich hier kein Auspuffschlag der Kolbenpumpe, sondern nur ein schwaches gleichmäßiges Ausströmen des Abdampfes bemerkbar.

Beim Abnehmen des Abdampfrohres konnte festgestellt werden, daß die Verstopfung von Kesselstein herrührte, der die Rohröffnung bis auf 10 mm verengt hatte.

Die Kesselsteinablagerungen im Abdampfrohr lassen sich nur so erklären, daß der Dampfzylinder der Kolbenpumpe mit übergerissenem Wasser gearbeitet hat, das noch durch die niedrige Dampfentnahmestelle auf dem Stehkessel für die Kolbenpumpe begünstigt wurde. Ferner kommt noch an dieser Lokomotive hinzu: die hohe Lage des Vorwärmers auf dem Kessel, wobei der Abdampf hochgedrückt werden mußte, und dann die zu kleine Oeffnung in der Dichtungslinie am Rohrstoß, die bedeutend kleiner als die lichte Weite des Abdampfrohres war. Besonders das Verengen des Rohres durch die Linse hat hier beigetragen, daß der Kesselstein sich festsetzen konnte.

Zusammenfassend kann gesagt werden, daß in diesem Falle die zuerst angeführten, zeitraubenden Arbeiten nicht erforderlich gewesen wären, wenn hier gleich beim Abschrauben des Feuerlöschstutzens die untere Verschraubung des Abdampfes von der Kolbenpumpe gelöst worden wäre. Denn dann hätte man den Gang und die Wirkungsweise der Pumpe beobachten können, um die richtigen Schlüsse hieraus zu ziehen.

## 26. Versagen der Verbund-Speisewasser-kolbenpumpe.

### Dampfteil.

Sollte die Pumpe stehen bleiben, so sind die Ringe des Hilfsschiebers gebrochen oder der Hilfsschieber hat sich festgesetzt, steuert nicht nach unten und gibt dann nicht die Bohrung für den Frischdampf zum Umsteuern des Hauptschiebers frei.

Bleibt die Pumpe zeitweise stehen und heult durch, so haben sich die Ringe des Hauptschiebers festgesetzt. Der Dampf, der den Hauptschieber umsteuern sollte, strömt über die Ringe nach dem Auspuffraum.

Dieses Festsetzen der Ringe wird durch Gratbildung begünstigt. Es kann auch nach längerer Betriebs=zeit die Schieberbuchse ausgelaufen sein.

Springt die Pumpe beim Anlassen ruckweise an und bleibt stehen, so ist die kleine Bohrung, die nach der Steuerkammer führt — und die Kammer, je nach der Stellung des Hilfsschiebers, einmal mit dem Frischdampfraum und das andere Mal mit dem Aus=puffraum verbindet — verstopft. Beim Ueberreißen von Wasser setzen sich Kesselsteinbildner in dieser kleinen Bohrung fest und lassen nicht genügend Dampf zum Umsteuern eintreten, oder es bildet sich in der Steuerkammer ein Gegendruck, der dann nicht entweichen kann.

## Wasserteil.

Zeigen sich beim Anlassen der Pumpe harte Schläge, so ist der an der linken Seite befindliche untere Entwässerungshahn zu öffnen. Das Wasser, das beim vollgefüllten Tender durch die Sauglei=tung in den Saugwindkessel gelaufen ist und diesen Raum vollständig füllt, läßt das gleichmäßige Spiel der Ventile nicht früher zu, als bis im Saugwind=kessel genügend Luft angesammelt ist. Durch dieses Luftpolster wird die Wasserbewegung wieder gere=gelt und die Pumpe arbeitet ruhig. Sollte trotzdem die Pumpe kein Wasser fördern, so hilft man sich hier neben dem Oeffnen des Hahnes durch Lösen der oberen Verschraubung auf dem Druckwindkessel. Die hier zusammengepreßte Luft kann entweichen, wobei sich gleichzeitig im Saugwindkessel das fehlende Luftpolster bildet und die Pumpe schlaglos weiterarbeiten läßt.

Schafft die Pumpe nach langer Betriebszeit nicht mehr genügend Wasser in den Kessel, so sind die Hartgummiringe des Wasserkolbens ausgelaufen und müssen erneuert werden.

## 27. Vorwärmer mit Umschalthahn und Handrad.

Der gebräuchlichste Vorwärmer für Lokomotiven hat eine zylindrische Form und ein ausziehbares Rohrbündel aus geraden Messingrohren, die in Rohrwände eingewalzt sind. Das Bündel liegt in einem Hohlmantel, der an beiden Stirnflächen mit abschraubbaren Deckeln versehen ist. Der größere Deckel, an dem sich der Umschalthahn befindet, bildet mit der Rohrbündelwand die vordere Wasserkammer. Die hintere Wasserkammer wird durch einen besonderen Deckel gebildet, der sich auf die innere Rohrbündelwand legt.

Das Speisewasser, das von der Kolbenpumpe durch das Rohrbündel des Vorwärmers gedrückt wird, muß durch dieses Bündel, das mit den Wasserkammern in Verbindung steht, einen a c h t f a c h e n

Umlauf machen. Durch diesen langen Weg, den das Wasser zurücklegen muß, erreicht es eine Temperatur von 70 bis 90°, die durch Ableiten von ⅕ bis ⅙ des Abdampfes der Lokomotive nach dem Hohlraum des Vorwärmers erzielt wird. Das Wasser scheidet bei dieser Erwärmung teilweise seine chemischen Bestandteile aus, die sich als Kesselsteinbildner in den Rohröffnungen festsetzen, sie verstopfen und ein genügendes Vorwärmen verhindern.

Um diesen Uebelstand zu vermindern, ist an einer Stirnseite des Vorwärmers ein Umschalthahn mit Handrad vorgesehen. Durch eine kleine Linksdrehung des Rades wird das Hahnküken angelüftet und läßt sich jetzt mit Leichtigkeit umstellen. Durch eine Rechtsdrehung wird das Hahnküken wieder fest.

Damit die Schlammablagerungen von den Rohröffnungen und aus den Wasserkammern fortgespült werden, wird der Umschalthahn jeden Tag in eine andere Stellung umgelegt, um den Wasserumlauf zu ändern. Hierbei legt man, um Irrtümer zu vermeiden, den Handgriff des Umschalthahnes, von vorne gesehen, an geraden Tagen nach rechts und an ungeraden Tagen nach links.

Außerdem erhöht der Umschalthahn die Betriebsfähigkeit der Lokomotive; denn bei schadhaftem Vorwärmer führt er in seiner Mittelstellung dem Kessel das Speisewasser direkt von der Kolbenpumpe zu.

## 28. Vorwärmer mit Oelfilter.

Bei den Einheitslokomotiven ist der Vorwärmer oben in der Rauchkammer gelagert. Um seinen Ab=dampf wieder nutzbringend zu verwerten, wird dieser nach einem Behälter geführt, der sich im Tender=wasser befindet, um hier als Speisewasser nieder=geschlagen zu werden. In diesem Behälter ist ein Oelfilter eingebaut, der aus drei Leinensäcken be=steht, die die Oelrückstände auffangen sollen. Im oberen Rand des Behälters sind Durchgangslöcher vorhanden, durch die das gereinigte Wasser sich mit dem Tenderwasser vermischt.

Um nun das Tenderwasser von ölhaltigen Rück=ständen frei zu halten, ist es zweckmäßig, diesen Oel=filter mindestens jede Woche auszuwechseln, damit er durch Auskochen gereinigt werden kann. Andern=falls wird die Lokomotive bei starker Beanspruchung dauernd mit übergerissenem Wasser arbeiten, was zu Fahrtversäumnissen und Defekten führt.

Sobald der Oelfilter undurchlässig ist, tritt aus dem kleinen Entlüftungsrohr, das in der Nähe des Schornsteins endet, dauernd Wasser heraus. Dieses Wasser ist ein Zeichen, daß der Dampfraum des Vorwärmers voll Wasser ist. Da in diesem Falle der Abdampf des Vorwärmers keinen Abfluß hat, wird dieses Wasser in den Abdampfraum der Dampfzylinder der Lokomotive laufen und sich hier sehr ungünstig bemerkbar machen.

Außerdem ist bei den Einheitslokomotiven noch eine Vorrichtung getroffen, die es ermöglicht, daß bei Schluß des Reglers dem Vorwärmer selbsttätig durch eine absperrbare Leitung so viel Frischdampf zugeführt wird, um das geförderte Speisewasser auf 70 bis 80° zu erwärmen und ein Kaltspeisen zu verhüten.

Das Dampfentnahmeventil vor dem Führerhaus mit der Bezeichnung „Vorwärmer" und das Absperrventil in der Nähe der Rauchkammer sind im Betrieb geöffnet zu halten.

Bei geöffnetem Regler tritt Dampf durch eine schwache Rohrverbindung aus dem linken Einströmrohr in das Absperrventil ein und schließt die Frischdampfzuführung aus dem Kessel nach dem Vorwärmer.

Bei Schluß des Reglers öffnet sich dann die Frischdampfzuführung wieder.

Bei sehr langem Aufenthalt auf den Zwischenstationen, wo ein Speisen mit der Kolbenpumpe nicht erforderlich wird, ist es vorteilhafter, das Frischdampfentnahmeventil auf dem Führerstand zu schließen. Es würden nur störende Geräusche des ausströmenden Dampfes entstehen und das Tenderwasser übermäßig erwärmt werden.

Zum Prüfen auf Undichtigkeit der Wasserrohre im Vorwärmer muß hier außer der Verschraubung des Abdampfrohres am Heizmantel auch noch der Deckel des Oelfilters, der mit Flügelmuttern befestigt ist, losgenommen werden, damit man die Auslauföffnung des Abdampfrohres beobachten kann. Tritt nun beim Arbeiten der Kolbenpumpe aus der Auslauföffnung Wasser heraus, so sind die Rohre undicht.

## 29. Entwässern der Vorwärmeranlage zur Verhütung von Frostschäden.

Bei Lokomotiven mit Vorwärmeranlage, die im Winter unter Dampf im Freien aufgestellt werden, muß diese empfindliche Anlage, um sie vor Frostschäden zu bewahren, in allen Teilen entwässert werden. Um dieses gewissenhaft und ohne großen Zeitverlust auszuführen, merke man sich folgende Punkte:

1. Tenderschieber (Ventil) schließen.
2. Ablaßhahn in der Saugleitung neben dem Wasserschlauch öffnen.
3. Prüfhahn am Druckwindkessel öffnen.
4. Schnüffel- und Ablaßhahn am Ventilkasten öffnen.
5. Ablaßhahn an der Abdampfleitung der Pumpe öffnen.
6. Ablaßhahn am Hosenrohrstück öffnen.
7. Ablaßhahn am Vorwärmer öffnen.

70

8. Umschalthahn anlüften.
9. Kesselventil schließen.
10. Ablaßhahn am Kesselventil öffnen.
11. Ablaßhahn am Rückschlagventil der Druck=
    leitung öffnen.
12. Verschraubung des Feuerlöschstutzens anlüften
    oder abnehmen.
13. Bei Tenderlokomotiven den Dreiwegehahn in
    der Saugleitung umstellen.
14. Anwärmehahn für die Saugleitung öffnen.
15. Pumpe mit schneller Hubzahl so lange gehen
    lassen, bis aus allen geöffneten Stellen Dampf
    austritt, etwa 2 bis 3 Minuten, alsdann ganz
    langsam, 2 bis 3 Hübe in der Minute, weiter
    laufen lassen.

## 30. Heißdampfverbundlokomotive S 10[1] mit Anfahrvorrichtung (Druckausgleicher) Bauart 1912—1916.

Die Heißdampfverbundlokomotive S 10[1] ist in zwei
verschiedenen Typen ausgeführt.

Bei der einen sind die Hochdruckzylinder an jeder
Seite des äußeren Lokomotivrahmens angeordnet.
Die Zylinderachsen (verlängerte Zylindermitten) lie=
gen wagerecht zur Treibachsmitte. Die beiden Nie=
derdruckzylinder sind aus einem Gußstück gefertigt.
Sie liegen vor den Hochdruckzylindern im Lokomotiv=

rahmen schräge zur Treibachse und dienen gleich=
zeitig zu dessen Versteifung. Um beide Niederdruck=
schieberräume sind Hohlräume geführt, die mitein=
ander verbunden und als Verbinderraum bezeichnet
werden. Dieser Raum nimmt den Abdampf der bei=
den Hochdruckzylinder auf und leitet ihn je nach der
Stellung der Niederdruckschieber in die Niederdruck=
zylinder. Ein Sicherheitsventil, das am Verbinder=
raum angeschlossen ist und bei 8 atü abbläst, ver=
hütet, daß der Niederdruckdampfkolben beim An=
fahren einen zu hohen Druck erhält. An jedem Zy=
linder befindet sich in seitlicher Anordnung ein Druck=
ausgleicher. Beide Hoch= sowie Niederdruckkolben
arbeiten je auf einer besonderen Treibachse.

Ausgerüstet ist diese Bauart mit Henschel=Schie=
bern, deren Durchmesser beim Hochdruck 220 mm,
der des Niederdruckes 300 mm betragen. Die Schie=
bergehäuse haben Kammern, die vermittels der
Schieber einmal die doppelte Einströmung und das
andere Mal die Vergrößerung des Kompressions=
raumes herstellen. Die Schieber haben doppelte
Ein= und einfache Ausströmung.

Bei der anderen Bauart sind je ein Hoch= und
ein Niederdruckzylinder aus einem Gußstück herge=
stellt. Beide Gußstücke sind zusammengeschraubt.
so daß beide Niederdruckzylinder nach innen und die
Hochdruckzylinder nach außen liegen. Alle vier Zy=
linder kommen durch diese Anordnung nebeneinander

in einer Ebene zu liegen und sind auf der Aussparung des Lokomotivrahmens gelagert und befestigt.

Auf jeder Seite arbeitet ein Hoch- und Niederdruckzylinder gemeinsam für sich. Der Abdampf des rechten Hochdruckzylinders geht in den rechten Niederdruckschieberraum, dessen vordere und hintere Seite durch ein Rohr verbunden sind, um den Dampf je nach der Stellung des Niederdruckschiebers in den Niederdruckzylinder zu leiten. An jedem Verbinderrohr befindet sich ein Sicherheitsventil, das bei 8 atü abbläst.

Der Abdampf des linken Hochdruckzylinders wird in gleicher Weise nach dem linken Niederdruckzylinder geführt. An jedem Zylinder befindet sich ebenfalls ein Druckausgleicher, der hier unten angeordnet ist und gleichzeitig zur Aufnahme der Zylinderhähne dient. Beide Hoch- und Niederdruckkolben arbeiten gemeinsam auf einer Treibachse.

Die Schieber sind nach Bauart Schichau mit doppelter Einströmung und einfacher Ausströmung ausgeführt. Der Durchmesser ist beim Hochdruck 220 mm und beim Niederdruck 300 mm.

Bei beiden Typen betragen die Durchmesser der Hochdruckzylinder 400 mm und die der Niederdruckzylinder 610 mm.

Die Ausführung, Wirkungsweise und Handhabung der Druckausgleichervorrichtung ist bei beiden Bauarten gleich. Sie besteht aus einer Rohrverbindung, die an jedem Zylinder angebaut ist und beim Leerlauf die Zylinderenden verbindet. In der Mitte der Rohrverbindung sitzt in einem Gehäuse ein Hahnküken, das durch Hebelübertragung vom Führerstand geschlossen und geöffnet werden kann.

Wird der Hebel nach vorne gelegt, so werden sämtliche Hahnküken geschlossen. Die Verbindung zwischen beiden Dampfkolbenseiten eines jeden Zylinders ist aufgehoben.

Nach Reglerschluß und Leerlauf der Lokomotive wird der Hebel nach hinten gelegt, die Hahnküken sind geöffnet und stellen die Verbindung der beiden Dampfkolbenseiten in jedem Zylinder her.

Beim Anfahren legt man den Hebel in die Mittelstellung und öffnet den Regler. Die Hahnküken von beiden Hochdruckzylindern sind jetzt geöffnet, während die vom Niederdruck geschlossen bleiben. Dampf tritt nun in die Hochdruckzylinder und gleichzeitig durch die geöffneten Hahnküken in die Niederdruckzylinder ein. Sobald 8 atü im Niederdruckresp. Verbinderraum erreicht sind, wird der Hebel des Druckausgleichers nach vorne gelegt, wobei sich die Hahnküken der Ausgleichvorrichtung, an den Hochdruckzylindern, schließen. Dann öffnet man den Regler weiter und läßt den vollen Kesseldruck auf die wirksamen Hochdruckkolbenseiten. Auf diese Kolbenseiten drücken nun etwa 15 atü, auf die anderen

Seiten 8 atü und auf die großen wirksamen Nieder=
druckkolben ebenfalls 8 atü. Die Lokomotive wird
anziehen.

Sollte die Lokomotive zum Schleudern neigen, so
wird hier wie bei jeder anderen Lokomotive die
Steuerung schnell nach der Mitte gedreht und dann
langsam wieder vorgedreht.

Jede Seite der beiden zusammengehörigen Zy=
linder resp. Hoch= und Niederdruckkolben arbeiten
auf Kurbeln, die um 180° zueinander, also in einer
geraden Linie stehen. Befindet sich z. B. der rechte
Hochdruckkolben in der vorderen Totlage, dann steht
der rechte Niederdruckkolben in der hinteren Tot=
lage, während der linke Hochdruck= und der linke
Niederdruckkolben sich in der Mittelstellung befinden.
Die Kurbeln bzw. Kurbelzapfen nehmen hierbei fol=
gende Stellung ein: die für den rechten Hochdruck
nach vorne, die für den linken Hochdruck nach oben,
die für den rechten Niederdruck nach hinten und die
für den linken Niederdruck nach unten.

Infolge der vielen und großen Oeffnungen, die
die Schieberbuchsen für die doppelte Einströmung
und zur Verbindung der Kammern erhalten haben,
kommen jedesmal nur zwei Schieberringe, in jeder
Stellung des Schiebers, zum Abdichten. Ein voll=
kommen dampfdichter Abschluß läßt sich daher bei
diesen Schiebern nicht erreichen. Bei der Prüfung
unter Dampf wird deshalb auch etwas Dampf aus=

treten. Die Undichtigkeit der Schieber darf aber nicht so groß sein, daß der Dampf durchheult.

Die Dichtigkeit der Niederdruckdampfkolben prüft man, bei fester Bremse und Steuerung auf Mitte, wenn der Hebel des Druckausgleichers in Mittelstellung gelegt und der Regler geöffnet wird. Heult nun der Dampf durch den Schornstein, so ist der Dampfkolben, der in der Totpunktstellung steht, undicht (Zylinder unrund). Macht sich kein Durchströmen des Dampfes bemerkbar, so ist er dicht.

Die Hochdruckdampfkolben werden in folgender Weise geprüft: Man legt den Hebel nach vorne, um sämtliche Druckausgleicherkegel zu schließen, und gibt Dampf. Im Verbinderraum soll jetzt kein Druck entstehen, jedoch infolge der nicht vollständig abdichtenden Schieberringe wird etwas Dampf in den Verbinder eintreten, dieser darf dann aber nur ganz allmählich und höchstens bis 1 atü ansteigen. Der in der Totlage liegende Hochdruckkolben ist hierbei noch als betriebsfähig anzusprechen; steigt der Druck höher an, so ist der Kolben undicht (Zylinder unrund). Bei schwerer Fahrt sollen sich im Verbinder höchstens 4 bis 5 atü befinden, steigt der Druck hier höher an, so sind die Hochdruckkolben undicht.

Bei diesen Prüfungen ist auf die Stellungen der Hahnküken der Druckausgleichervorrichtung zu achten, ob sie, bei totem Gang in den Gestängeteilen, auch richtig schließen und öffnen.

## 31. Lahmlegen einer Zwillinglof. mit Heusinger-Steuerung.

Der Antrieb des Schiebers durch die Steuerung wird durch Abnehmen der Lenkerstange und der Schwingenstange aufgehoben. Ebenso wird die Verbindung der Schieberschubstange mit dem Steuerwellenhebel durch Losnehmen des Bolzens gelöst. Die Schwinge, Schieberschubstange und der Voreilhebel werden an geeigneter Stelle festgebunden. Der Schieber wird auf Mitte gestellt und mit der Feststellschraube am prismatischen Ende der Schieberstange festgehalten. Der Dampfkolben läuft leer mit. Auf dieser Seite wird die Zylinderhahnenzugventilstange entfernt und die Ventile durch Festkeilen geöffnet.

Ist der Dampfkolben, Zylinder oder die Treibstange nicht betriebsfähig, so wird, wie oben angegeben, die Steuerung lahmgelegt, die Treibstange abgenommen und der Kolben nach hinten geschoben. In dieser Stellung wird derselbe durch Holzstreben festgehalten. Hier ist bei den G 10-Lok. das Schild am Kreuzkopf zu beachten, auf dem vermerkt ist, daß der Kreuzkopf 20 mm von der hinteren Kante der Gleitbahn entfernt, während er bei T 16-Lok. ganz nach hinten gebracht sein muß, da sonst der Kuppelzapfen der vorderen Kuppelachse und der vordere Gelenkbolzen der Kuppelstangen an den Kreuzkopf schlägt.

Bei diesen Lokgattungen macht sich dieser Uebel=
stand noch besonders beim Schadhaftwerden der vor=
deren Kuppelstangen bemerkbar. Die Lokomotive
muß kaltgestellt werden, da sonst die Kuppelzapfen
durch die seitliche Verschiebbarkeit der vorderen Kup=
pelachse beim Berühren der Kreuzköpfe beschädigt
werden.

## 32. Lahmlegen einer Vierlinglok. der Gattung S 10.

Ein Innenzylinder wird ausgeschaltet, indem der
dazugehörige Schieber auf Mitte gestellt und mit der
Druckschraube, die sich in der Schieberstangenführung
befindet, festgehalten wird. Die Gestängeteile des
Schiebers, die die Bewegungsübertragung vom In=
nen= zum Außenzylinder vermitteln, müssen abge=
nommen werden.

Falls der Dampfkolben nicht beschädigt ist, kann
er bei nicht zu schneller Fahrt mitlaufen.

Das Lahmlegen eines Außenzylinders bedingt zu=
gleich das Lahmlegen des dazugehörigen Innenzylin=
ders, weil das gesamte Steuerungsgestänge vom
Kolben des Außenzylinders bewegt wird und dieses
dann beim Lahmlegen desselben ausgeschaltet ist.

Beide Schieber werden auf Mitte festgelegt.

Sind die Dampfkolben unbeschädigt, so können sie
leer mitlaufen. Im anderen Falle müssen die Kolben
nach hinten gebracht und mit einem Spreitzholz zwi=

schen Zylinderdeckel und Kreuzkopf festgehalten werden.

An den lahmgelegten Zylindern müssen die Zylinderhähne durch Festkeilen der Ventile geöffnet sein.

## 33. Lahmlegen einer Vierzylinder-Verbundlokomotive der Gattung S 10[1].

Ein Niederdruckzylinder wird lahmgelegt, indem die dazugehörige Schieberschubstange abgenommen, der Schieber ganz nach vorne auf Durchblasen gestellt und mit der Druckschraube in dieser Stellung festgehalten wird.

Der Dampfkolben wird in diesem Falle auch ganz nach vorne geschoben — weil der Niederdruckschieber äußere Einströmung hat — und mit einem Spreizholz zwischen Kreuzkopf und Gleitbahnträger festgehalten.

Bei den Lokomotiven, deren Niederdruckschieber einen gemeinsamen Verbinderraum haben, werden in diesem Falle beide Hochdruckzylinder als Zwillingslokomotive arbeiten; denn der Verbinderraum steht dann, indem der Niederdruckschieber auf Durchblasen gestellt ist, mit dem Auspuff in Verbindung. Kolben und Schieber des anderen unbeschädigten Niederdruckzylinders laufen leer mit.

Das Lahmlegen eines Hochdruckzylinders bedingt zugleich das Lahmlegen des dazugehörigen Niederdruckzylinders.

Die beiden miteinander verbundenen Schieber werden in Mittelstellung festgelegt. Die Lenkerstange und die Schwingenstange müssen abgenommen und die Verbindung der Schieberschubstange mit dem Auswerfhebel gelöst werden. Die Schwinge, Schieberschubstange und der Voreilhebel werden an geeigneter Stelle festgebunden. Sind beide Dampfkolben unbeschädigt, so laufen sie leer mit. Die Zylinderhähne sind an diesen beiden Zylindern geöffnet zu halten.

Ist jedoch der Hochdruckkolben beschädigt, so daß er nicht mitlaufen kann, so muß er nach hinten festgelegt und der dazugehörige Hochdruckschieber — nachdem er vom Verbindungsgestänge der Steuerung des Niederdruckschiebers gelöst ist — so weit nach vorne geschoben werden, bis der vordere Einströmkanal frei wird, damit der Frischdampf den festgelegten Dampfkolben in seiner Endstellung festdrückt. Außerdem ist der Kolben noch mit einem Spreizholz zwischen Zylinderdeckel und Kreuzkopf zu sichern.

In diesem Falle sind nur die Zylinderhähne des betreffenden leerlaufenden Niederdruckzylinders geöffnet zu halten. Die Anfahrvorrichtung (Druckausgleicher des Hochdruckzylinders) darf nicht geöffnet werden.

80

Der Schieber darf aber nicht bis zum Durch=
blasen vorgeschoben werden.

Um diese Stellung des Schiebers zu prüfen,
nimmt man den betreffenden Regulierflansch los und
fühlt die Einströmöffnung durch das Schauloch ab.

## 34. Lahmlegen einer Drillinglok. der Gattung S 10².

Soll der Innenzylinder lahmgelegt werden, so
müssen die Gestängeverbindungen seines Schiebers
von den Steuerungen der beiden Außenzylinder ge=
löst werden.

Der innere Schieber wird auf Mitte festgestellt.

Ein Lahmlegen eines Außenzylinders bedingt
auch das Lahmlegen des Innenzylinders. Die Ver=
bindungen des Schiebers des Innenzylinders müssen
von den Steuerungen der Außenzylinder gelöst, die
dazugehörigen Steuerungsteile des lahmgelegten
Außenzylinders losgenommen und beide Schieber
auf Mitte gestellt werden. Falls die Dampfkolben
unbeschädigt sind, laufen sie in beiden angeführten
Fällen leer mit. Ist ein Dampfkolben oder seine
dazugehörigen Teile beschädigt, so ist er nach hinten
zu schieben und vermittels Spreizholz festzumachen.

In allen hier angeführten Fällen sind die Zylin=
derhähne der lahmgelegten Zylinder geöffnet zu
halten.

## 35. **Hämmern des Ventilreglers.**

Im Gehäuse des Ventilreglers, das im Dampf=
raum des Kessels steht, befindet sich ein Haupt=
ventil a, auf dem ein Hilfsventil b sitzt, das die
Form eines Drosselkegels hat. Beim Oeffnen des
Reglers wird der Drosselkegel aus seiner Bohrung
herausgezogen, wobei ein neuer Ringspalt freige=
geben wird. (Abb. 16.) Der Dampf, der durch
den Ringspalt zwischen Ventildeckel und Ventil=
stange ungehindert nachströmen kann und das Haupt=
ventil auf seiner größeren Fläche belastet, entweicht
jetzt durch den Drosselringspalt nach dem Einström=
rohr. Die größere Fläche des Hauptventils wird
dadurch entlastet, Kesseldampf, der durch die Dampf=
taschen des Ventilreglers dauernd auf die kleinere
Fläche des Hauptventils drückt, hebt nun das Haupt=
ventil von seinem Sitz ab. Das Hauptventil nähert
sich dem Hilfsventil, bis sich die Kräfte auf beiden
Seiten des Hauptventils ausgeglichen haben. (Ab=
bildung 17.)

Weisen die Querschnitte von beiden Ringspalten
zu große Unterschiede auf, so wird das Hauptventil,
das beim Oeffnen des Hilfsventils in Dampf
schwimmt, dem Druck seiner Flächen entsprechend
auf und nieder bewegt. Es strömt der Dampf, der
sich zwischen Hauptventil und Deckel befindet, ent=
weder zu schnell oder zu langsam ab. Das Haupt=
ventil wird hämmern oder sich nicht öffnen. (Abb. 16.)

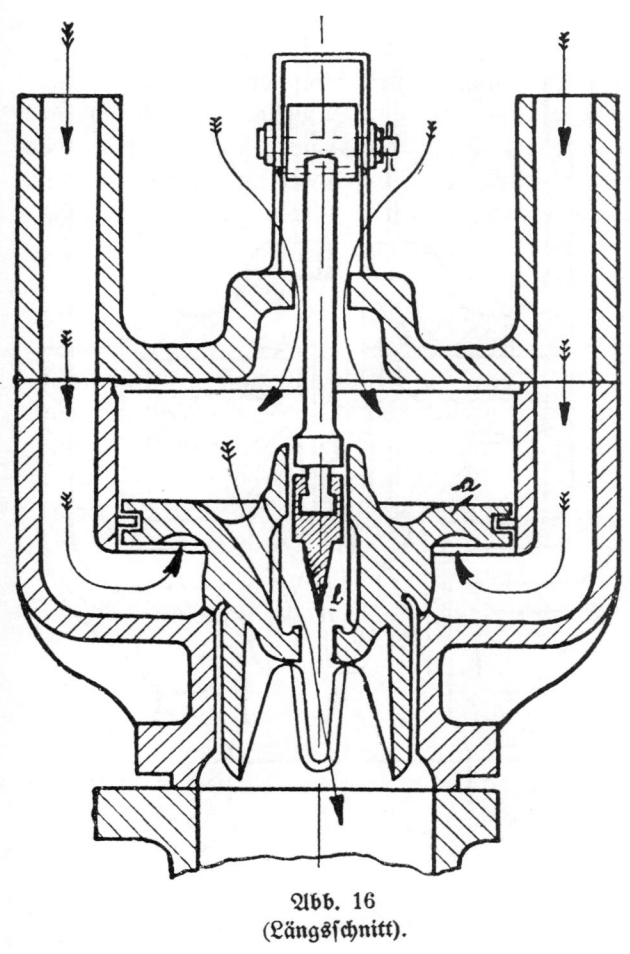

Abb. 16
(Längsschnitt).

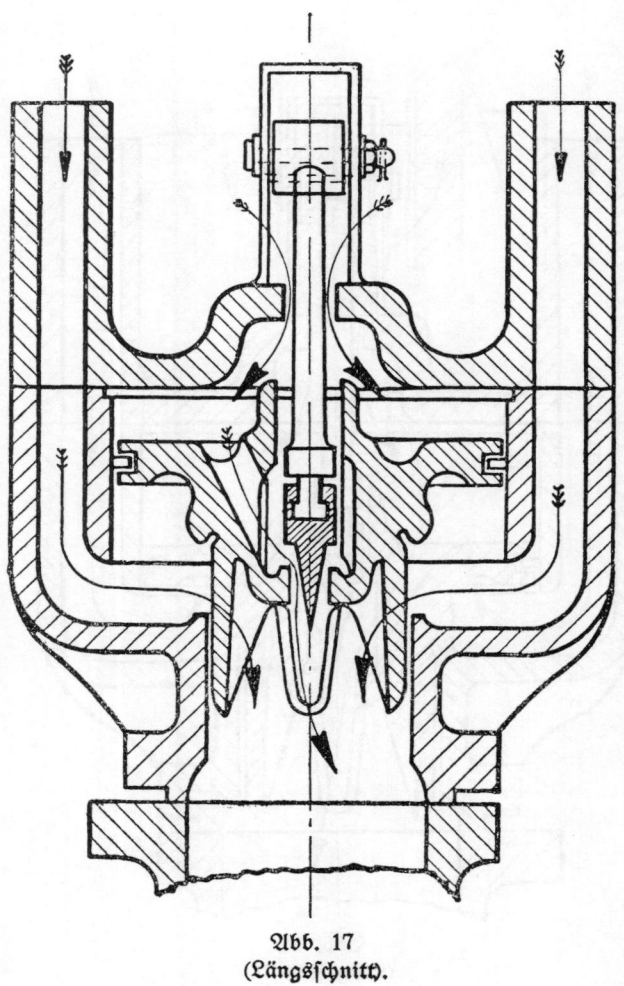

Abb. 17
(Längsschnitt).

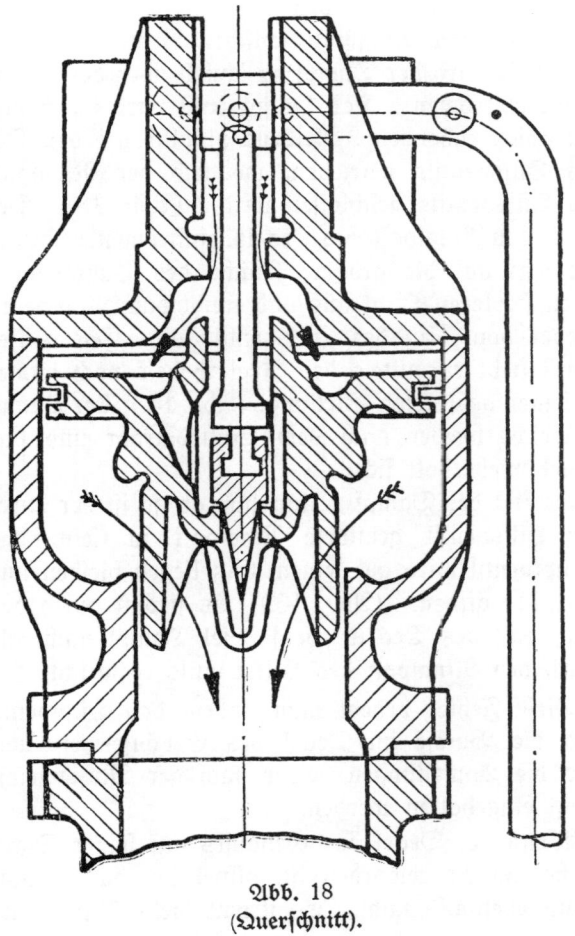

Abb. 18
(Querschnitt).

Ist der Ringspalt, den das Hilfsventil freigibt, größer als der Ringspalt zwischen Ventilstange und Deckel, so wird der Dampf zu schnell über das Hilfs= ventil abströmen. Das Hauptventil wird durch den unter ihm ruhenden Kesseldruck plötzlich auf den Sitz des Hilfsventils getrieben, wodurch der Ringspalt des Hilfsventils geschlossen wird. (Abb. 18.) Der durch den Ringspalt des Deckels einströmende Dampf übt jetzt auf die größere Fläche des Hauptventils einen stärkeren Druck aus und treibt das Hauptventil wieder vom Sitz des Hilfsventils ab. Das Hilfs= ventil steht vermittels des Reglerhebels noch immer in seiner geöffneten Stellung. (Abb. 16.) Der Dampf entweicht wieder nach dem Einströmrohr und das Spiel wiederholt sich.

Strömt der Dampf zu langsam ab, so ist der durch das Hilfsventil gebildete Ringspalt zu klein, das Hauptventil wird auf seinem Sitz liegen bleiben und sich nicht öffnen. (Abb. 16.) Es strömt durch den Ringspalt des Deckels ebenso viel Dampf nach, als durch den Ringspalt des Hilfsventils entweicht.

Diese Fehler behebt man, indem das Hilfsventil und die Buchse im Deckel des Gehäuses erneuert und die Abmessungen beider nach der Musterzeich= nung eingehalten werden.

Wenn der Deckel des Gehäuses auf seiner Dicht= fläche undicht geworden ist, öffnet sich das Haupt= ventil ebenfalls nicht. Es strömt mehr Dampf auf die größere Ventilfläche, als über das Hilfsventil abströmen kann. Der Deckel muß abgedichtet werden.

Bei den älteren Ventilreglern ist das Hauptventil mit dem Hilfsventil durch einen Begrenzungshub verbunden. Hier kann das Hauptventil durch das Hilfsventil mitgehoben werden, jedoch nur mit großer Kraftanwendung.

Damit in der zylindrischen Führung des Hauptventils Kesselsteinablagerungen, die das Spiel des Hauptventils beeinträchtigen, nicht stattfinden können, muß der Regler wenigstens einmal täglich ganz geöffnet werden.

---

Im Betriebe wird es als störend empfunden, daß bei verschiedenen Lokomotiven beim Oeffnen des Ventilreglers der Reglerhebel bis zur Hälfte seines Ausschlags vorgeschoben werden muß, bevor der Dampf in den Schieberraum eintritt. Als Ursache ist die ungenügende Aussparung im zylindrischen Führungsteil des Hauptventils anzusprechen. Diese Aussparung ist gewöhnlich in Dreiecksform gehalten und zwar mit der Spitze nach der Schleiffläche zu. Hierdurch wird erreicht, daß ein allmähliches Einströmen des Dampfes nach den Dampfzylindern stattfindet, ähnlich wie mit dem kleinen Schieber des Flachschieberreglers, um ein ruck- und stoßfreies Anfahren zu ermöglichen. Jedoch darf der Abstand von der Dichtfläche (Sitz des Hauptventils) bis zur Aussparung, durch die der Dampf beim Oeffnen des Hauptventils nach dem Einströmrohr strömt, nicht zu groß gehalten sein, da sonst der Regler=hebel viel zu weit geöffnet werden muß, ehe der Dampf abströmen kann. Durch Nacharbeiten der Dichtfläche am Hauptventil wird dieser Abstand noch vergrößert, wenn die Aussparung nach der Schleif=fläche unverändert bleibt.

## 36. Vorspann bei schadhafter Luftpumpe der Zuglokomotive.

### a) Lokomotiven mit Drehschieber = Führerbrems=ventil der Bauart Knorr.

Der Handgriff des Führerbremsventils ist in die Füllstellung zu legen und der H=Hahn um 90° nach rechts zu drehen. In dieser Stellung sperrt der H=Hahn den Hauptluftbehälter ab und läßt die noch im Hauptbehälter vorhandene Luft durch die kleine Bohrung ins Freie entweichen.

Wenn die Drehung des H=Hahnes unterbleibt, klappt der Drehschieber ab, sobald der Hauptbehäl=terdruck unter 5 at gefallen ist, und es tritt eine unbeabsichtigte Bremsung ein.

### b) Lokomotiven mit Flachschieber = Führerbrems=ventil der Bauart Knorr.

Der Handgriff des Führerbremsventils ist in die Füllstellung zu legen. Es empfiehlt sich, die Verschraubung am Führerbremsventil, die nach dem Hauptluftbehälter führt, durch einen Blindflansch abzudichten, weil sonst der Hauptluftbehälter nur unnötig die Hauptluftleitung vergrößert.

c) Lokomotiven mit Führerbremsventil der Bauart Westinghouse.

Der Handgriff des Führerbremsventils ist in die Füllstellung zu legen, und der B. V.=Hahn umzustellen. Dieser sperrt den Hauptluftbehälter ab.

Bei allen Bremsarten kann in Gefahrfällen das Führerbremsventil benutzt werden, denn es ist unmittelbar in die Hauptluftleitung eingeschaltet.

———————

Es darf hier aber nicht verwechselt werden, daß beim gewöhnlichen Vorspann mit b e t r i e b s f ä h i = g e r Luftpumpe, der Handgriff des Führerbremsventils bei Bauart Knorr, Dreh= oder Flachschieber in Mittelstellung gelegt wird. Der Dreh= oder Flachschieber schließt in Mittelstellung die Hauptbehälterluft von der Leitung ab. Das Abklappen des Schiebers wird durch die Hauptbehälterluft verhindert, die dauernd auf ihn drückt.

Bei Bauart Westinghouse ist in diesem Falle wie unter c) angegeben zu verfahren. Durch die unter c) genannten Umstellungen wird Leitungsluft auf den Drehschieber geleitet, die das Abklappen verhindert.

Kalt zu befördernde Lokomotiven werden eben=
falls, wie unter a—c angegeben, behandelt.

## 37. Prüfen der Luftpumpe auf ihre Leistungsfähigkeit.

Bleibt die Luftpumpe stehen und heult durch, so
sind die Federringe vom Differentialkolben gebrochen, oder der Steuerschieber ist abgeklappt. Hat
die Luftpumpe ungleichmäßigen Gang und bleibt
zeitweise stehen, so ist die Umsteuerung nicht in Ordnung. Sollte Nachölen nicht genügen, so kann auch
das Entlüftungsloch in der hinteren Kammer des
kleinen Differentialkolbens verstopft sein. Diese
Bohrung muß mit dem Auspuffraum der Pumpe
dauernd in Verbindung stehen, damit kein Gegendruck entsteht. Es kann auch der Luftpumpenregler
sich festgesetzt haben, dann wird das untere Rädchen
eingedreht und der Pumpenregler ist ausgeschaltet.
Der Dampf tritt jetzt ungehindert in die Steuerkammer der Pumpe ein. Diese Fehler sind schnell zu
erkennen und zu beseitigen.

Sollte der Gang der Pumpe so ungleichmäßig
sein, daß das sogenannte „Stottern" eintritt, so ist
meistens die Umsteuerstange, die durch den Dampfkolben mitgenommen wird, verbogen. Dieses tritt
durch Ueberreißen von Wasser in den Dampfzylinder oder durch übermäßiges Gegenschlagen ein.

Harte Schläge auf die Umsteuerkammer oder den Luftpumpenregler sind verboten. Diese schwachwandigen Apparate, besonders der letztere, dessen Wandung nur 3 mm beträgt, sind sehr empfindlich und werden durch Gegenschlagen nur verbeult und arbeiten dann überhaupt nicht.

Leichte Schläge auf die runden Deckel der Steuerkammer sowie auf den oberen Deckel des Dampfzylinders sind erlaubt. Durch diese Erschütterung können sich festgebrannte Oelreste lösen. Es ist daher beim Oelen der Luftpumpe ein Zuviel ebenso schädlich wie ein Zuwenig. Ferner ist bei Lokomotiven mit Vorwärmer auf das Hosenrohr (Verbindungsstück vom Abdampf der Luft- und Kolbenspeisepumpe, zu achten. In diesem Rohrstück darf der Abdampf von beiden Pumpen nicht rechtwinklig eingeführt werden, sonst hebt der Abdampf der einen Pumpe den Muschelschieber der anderen Pumpe ab. Denn der Muschelschieber steht in der Steuerkammer über dem Abdampfraum der eigenen Pumpe. Eine der beiden Pumpen würde anderenfalls stehen bleiben.

Geht die Luftpumpe sehr langsam und hinkt sie, so hat sich ein Luftsauge- oder Druckventil festgesetzt. Schafft die Luftpumpe, trotzdem sie schnell arbeitet, nicht genügend Luft heran, so kann bei der zweistufigen Pumpe die Führungsbuchse der Kolbenstange zwischen Hoch- und Niederdruckzylinder ausgelaufen sein. Die Luft strömt dann ungehindert von einem Zylinder in den anderen und gleicht sich aus. Es kann auch die Packung, die die Druckluft= kanäle voneinander abdichtet, ausgeplatzt sein. Dieses macht sich durch übermäßiges Heißwerden der Ventil= gehäuse, in denen die Druckventile sitzen, bemerkbar und kann mit der Hand nachgefühlt werden.

Die genügende Leistung der Luftpumpe wird nach folgender Formel festgestellt:

$$f = \frac{t \cdot n \cdot 100}{Q_2} = 28 \text{ bis } 30$$

Hierin bedeutet:

t = Zeit in Sekunden, in der der Ueberdruck im Hauptbehälter von 0 auf 8 at gebracht wird.

n = Gesamtzahl der einfachen Kolbenhübe (ein ein= maliges Auf= und Niedergehen des Kolbens sind also gleich 2 Hüben).

Q = Inhalt des Hauptbehälters in Litern.

Feste Werte sind:

f = 28 bis 30.

Q = 800 l bei großen und 400 l bei kleinen Luft= behältern.

Die Formel wird also lauten:

$$f = \frac{t \cdot n \cdot 100}{640\,000} = \frac{t \cdot n}{6400}$$

oder

$$f = \frac{t \cdot n \cdot 100}{160\,000} = \frac{t \cdot n}{1\,600}$$

d. h. beim Ansetzen der Luftpumpe nach der Uhr sehen und die Kolbenhübe zählen, bis 8 atü im Hauptluftbehälter sind.

Dann Zeit in Sekunden mal Hübe mal 100, das Ergebnis durch Behälterinhalt mal Behälterinhalt dividiert. Die ausgerechnete Zahl darf nicht größer als 30 sein, um die Luftpumpe noch als leistungsfähig zu bezeichnen.

## 38. Versagen der Doppel-Verbund-Luftpumpe.

### Dampfteil.

Die Dampfsteuerung ist dieselbe wie die der Verbund-Speisekolbenpumpe. Der Hauptschieber hat hier eine senkrechte Lage erhalten, die das einseitige Auslaufen der Schieberbuchse und dadurch die Gratbildung bzw. Festsetzen der Federringe vermindert. Im Kopf des Hauptschiebers ist eine kleine Bohrung vorgesehen, durch die beim Dampfeintritt (beim Anlassen der Pumpe) der Niederdruckdampfkolben bewegt wird. Sobald diese kleine Bohrung verstopft ist, springt die Pumpe nicht an.

### Luftteil.

Macht sich am Lufteintrittssieb ein ungenügendes Ansaugen der Luftpumpe bemerkbar, so ist beim

Aufwärtsgang des Niederdruckluftkolbens das obere Luftsaugeventil und beim Abwärtsgang das untere undicht geworden.

Muß die Pumpe übermäßig schnell arbeiten und schafft trotzdem nicht genügend Luft heran, so können die Zwischenventile oder Druckventile undicht sein. Die Druckluft gleicht sich dann im ersten Fall zwischen Nieder= und Hochdruckzylinder, im zweiten Fall im oberen und unteren Arbeitsraum des Hoch= druckzylinders aus. Nach längerer Betriebszeit können nen auch die Federringe der Luftkolben schadhaft sein.

Die Pumpe wird ungleichmäßig arbeiten, wenn sich ein Ventil festgesetzt hat. Um ein Festsetzen der Ventile durch Oelrückstände zu verhüten, wäre es zweckmäßig, den Luftzylinder außer dem Oelen der Presse mindestens jede Woche einmal mit Seifen= wasser durch den kleinen Lufthahn zu schmieren.

## 39. Dichtigkeitsprüfung des Führerbrems= ventils, der Steuerventile der Lok. und des Tenders an der betriebsfähigen Lok.

Nach längerer Betriebszeit, besonders wenn die planmäßige Bremsuntersuchung nicht eingehalten werden kann, treten an der Luftleitung, sowie an den Bremsapparaten verschiedene Undichtigkeiten auf, die sich in folgender Weise leicht feststellen lassen:

Die Luftpumpe wird angestellt, um die Leitung und die Bremsapparate mit 5 atü Druckluft zu füllen.

Um die Dichtigkeit der Leitung und des Führerbremsventils zu prüfen, schaltet man die Steuerventile der Lokomotiv= und Tenderbremse aus und legt den Führerbremshebel in Mittel= oder Abschlußstellung. Sinkt jetzt der Leitungsdruck, dann ist entweder eine Undichtigkeit in der Leitung vorhanden, oder die Schieber im Führerventil sind nicht dicht. Das Abströmen der Luft ist in letzterem Fall am Ausströmrohr fühlbar.

Die Leitung ist vor allen Dingen zu dichten.

Fällt der Leitungsdruck nach einer Bremsstufe dauernd weiter, so geht der Ausgleichkolben zu schwer.

Das Führerbremsventil ist auszuwechseln.

Die Steuerventile der Lokomotiv= und Tenderbremse werden geprüft, indem man sie einschaltet, die Leitung frisch auffüllt und dann eine Bremsstufe mit 0,5 at Druckverminderung in der Leitung ausführt. Ist der Steuerkolben und der Steuerschieber undicht, so wird der Druck im Bremszylinder nachträglich ansteigen und ebenso der Druck in der Leitung fallen, bis der Druck in der Leitung sich mit dem des Hilfsluftbehälters und dem des Bremszylinders ausgeglichen hat.

Undichte Steuerschieber machen sich durch Ausströmen von Druckluft am Steuerventilauspuff bemerkbar.

Diese Erscheinung zeigt sich auch am Tendersteuerventil, wenn die Befestigungsmuttern nicht fest genug angezogen sind.

Tritt nach einer Bremsstufe ein selbsttätiges Lösen ein, so ist am Hilfsluftbehälter eine Undichtigkeit. Leitungsdruck steuert den Steuerkolben in Lösestellung und verbindet den Bremszylinder mit der freien Luft.

In den meisten Fällen ist Nachbremsen auf undichte Leitung zurückzuführen.

Die Steuerventile an der Lokomotive und dem Tender lassen sich auch noch auf andere Art prüfen.

Nach Einleitung einer Bremsstufe wird sofort der Abstellhahn der Treibradbremse sowie der der Laufachsbremse geschlossen und das Steuerventil des Tenders ausgeschaltet.

Jetzt beobachtet man das Manometer des Bremszylinders, ob Nachbremsen stattfindet. Da die Bremszylinder der Laufachsen und des Tenders keine Manometer haben, sieht man es hier am Austritt der Bremskolben aus den Bremszylindern.

## 40. Dichtigkeitsprüfung der Zusatzbremse und des Doppel=Rückschlagventils.

Bei Lokomotiven mit Zusatzbremse ist zwischen dem Steuerventil und dem Bremszylinder ein Doppelrückschlagventil eingebaut. In einem Gehäuse mit drei Rohranschlüssen befindet sich ein Ringkol=

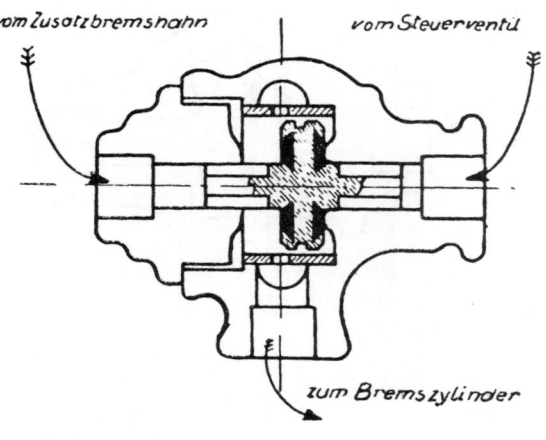

vom Zusatzbremshahn

vom Steuerventil

zum Bremszylinder

Abb. 19.

ben, der auf jeder Seite, einmal nach dem Steuer= ventil, das andere Mal nach dem Bremshahn der Zusatzbremse, eine Lederdichtung hat. Der untere dritte Rohranschluß führt nach dem Bremszylinder.

Wird die Bremse mit der Zusatzbremse angezogen, so drückt Hauptbehälterluft das Rückschlagventil nach der Steuerventilseite (Abb. 19), schließt hier die Leitung ab und gibt den Weg nach dem Bremszylinder frei. Die Luft strömt jetzt aus dem Hauptluftbehälter nach dem Bremszylinder über. Ist die

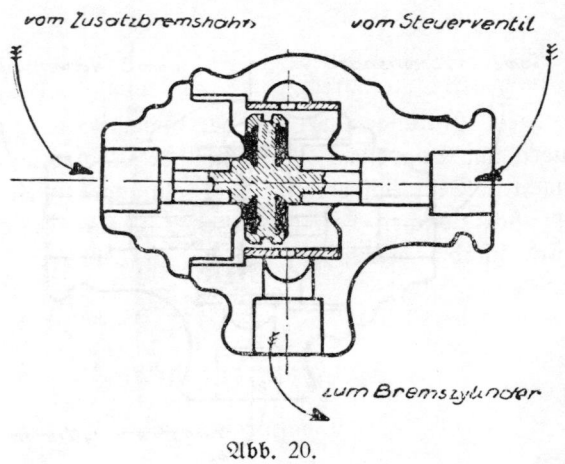

vom Zusatzbremshahn    vom Steuerventil

zum Bremszylinder

Abb. 20.

Lederdichtung des Ringkolbens im Rückschlagventil, die nach der Steuerventilseite abdichten soll, undicht, so strömt Hauptbehälterluft aus der Ausströmöffnung des Steuerventils ins Freie, denn das Steuerventil steht in Lösestellung und hatte den Bremszylinder mit der freien Luft verbunden.

Wird dagegen die Bremse durch das Führer=
bremsventil angezogen (Abb. 20) und ist die Leder=
dichtung der anderen Seite des Ringkolbens undicht,
so strömt Hilfsbehälterluft durch den in Lösestellung
stehenden Zusatzbremshahn ins Freie. Wird jetzt
der Zusatzbremshahn in Abschlußstellung gelegt, so
muß das Abströmen der Luft aufhören. Anderen=
falls ist auch der Zusatzbremshahn undicht.

Diese Undichtigkeiten sind am Ende der Ausström=
öffnung der Zusatzbremse mit der Hand fühlbar.

Diese Prüfungen werden, der Genauigkeit wegen,
zuerst am Doppelrückschlagventil der Lokomotive ge=
macht. Der Absperrhahn der Zusatzbremsleitung,
der sich zwischen Lokomotive und Tender befindet,
wird hierbei geschlossen und bei der Prüfung am
Tender geöffnet.

## 41. Bremsprobe.

### Dienstbeginn:

Entwässern der Hauptluftbehälter, Tropfbecher
und Luftverbindungsschläuche alter Bauart zwischen
Lokomotive und Tender und bei Frostwetter letztere
auf Eisbildung nachprüfen.

Luftverbindungsschläuche neuer Bauart (Kurz=
kupplungsschläuche) sind nachzuprüfen, ob sie nicht
etwa wassersackbildend nach unten durchgebogen sind.

Hierauf ist die Luftpumpe anzustellen und der Hebel des Führerbremsventils während des Auffüllens der Hauptluftbehälter bis auf 5 atü in Füllstellung zu legen. Die Manometer des Hauptluftbehälters und der Hauptluftleitung werden hierbei auf Uebereinstimmung geprüft. Zeigen beide Manometer jetzt gleichen Druck an, so ist anzunehmen, daß sie in Ordnung sind. Nach Erreichen des vollen Hauptbehälterdruckes (8 atü) muß der Luftpumpendruckregler die Luftpumpe selbsttätig abstellen. Der Druck in der Hauptluftleitung wird nun um 0,5 at verringert, wobei die Bremsen an Lokomotive und Tender anspringen müssen. Liegen alle Bremsklötze fest an, so ist die Luft zur Dichtigkeitsprüfung der gesamten Bremseinrichtung bis auf 3,5 atü auszulassen. Die vorhandenen Drucke im Hauptluftbehälter, in der Leitung und in den Bremszylindern müssen bei abgestellter Luftpumpe 5 Minuten lang erhalten bleiben. Druckverluste von mehr als 0,3 at sind unzulässig und müssen sofort beseitigt werden. Vor dem Lösen der Bremse ist zum Ausblasen der Leitung und Betätigung sämtlicher Steuerorgane durch das Führerbremsventil dieses kurz in die Schnellbremsstellung zu legen.

Am Zuge wird die Bremsprobe auf Anordnung des Wagenmeisters vorgenommen.

Vor dem Verbinden der Lokomotive mit dem Zuge ist durch den Bediensteten, der das Kuppeln ausführt, die Luftleitung der Lokomotive nochmals durch den Absperrhahn auszublasen, damit Wasser und Schmutz aus der Leitung herausgestoßen werden. Der Lokomotivführer hat sich von dem sachgemäßen Kuppeln, Verbinden der Luftschläuche und der richtigen Stellung der Luftabsperrhähne zwischen Lokomotive und dem ersten Wagen persönlich zu überzeugen. Er ist für die richtige Ausführung verantwortlich.

Das erstmalige Füllen der Hauptluftleitung, sowie das Lösen der Bremsen, nach vorangegangener Bremsung, ist durch einen kräftigen Füllstoß einzuleiten. Dann ist der Führerbremsventilhebel langsam zurückzuziehen, so daß die Luft mit einem gleichmäßigen Ueberdruck von 5 at nach der Leitung überströmt. Steigt der Druck weiter, so ist unter Beobachtung des Leitungsmanometers der Führerbremsventilhebel so weit zurückzuziehen, bis er in der Fahrtstellung angekommen ist. Das Geben wiederholter Füllstöße ist verboten.

Bei der Ausführung der Bremsprobe ist nur eine Bremsstufe zu geben, wobei bei Einkammerbremsen (West und Knorr) und gemischten Bremssystemen (West, Knorr u. K. K.) der Hauptleitungsdruck um 0,5 at und bei reinen K. K.-Bremsen um 0,3 at zu verringern ist. Vor dem Lösen der Bremsen ist das Führerbremsventil wieder kurze Zeit in die Schnellbremsstellung zu legen, damit sich

im Zugparke die Schnellbremsorgane der Steuer=
ventile betätigen können und diese betriebsfähig er=
halten bleiben.

Der Lokomotivführer darf nicht abfahren, bevor
die Bremsprobe ausgeführt und ihm der ordnungs=
mäßige Zustand, die Anzahl und Art der Bremsen
gemeldet ist.

## 42. Bremsen während der Fahrt.

Das Bremsen während der Fahrt zur Vermin=
derung der Geschwindigkeit, wie auch beim gewöhn=
lichen Anhalten des Zuges ist frühzeitig und stufen=
weise mit einigen Zehnteln (höchstens 0,5 at)
Druckverminderung in der Luftleitung einzuleiten.
(Das Abtasten mit den bestimmten Zehnteln, bei
Einleitung der ersten Bremsstufe, wird bedingt durch
den ungleichen Kolbenhub der einzelnen Bremszylin=
der und durch Eingruppierung der verschiedenen
Bremssysteme im Zugpark.)

Nach der ersten Bremsstufe wartet man deren
Wirkung ab und kann zur Verstärkung der Brems=
wirkung dann nach Bedarf beliebig große Brems=
stufen ausführen. Die Grenze ist hier bei 1,5 at
Druckverminderung in der Luftleitung gegeben, weil
dann im Bremszylinder und im Hilfsluftbehälter
bzw. in der B=Kammer Druckgleichheit eingetreten
ist. Die höchste Bremswirkung ist hiermit erreicht.

102

Handelt es sich um Güterzüge mit luftgebremster Spitengruppe, so ist vor der Betätigung der Druckluftbremse das Bremssignal mit der Dampfpfeife zu geben. In Gefahrfällen kann, bevor Notsignale gegeben werden, das Führerbremsventil in die Schnellbremsstellung gelegt werden.

## 43. Lösen der Bremsen.

Nach einer vollzogenen Bremsung müssen die Bremsapparate wieder auf ihren Anfangsdruck gebracht werden. Der Hebel des Führerbremsventils wird schnell in die Füllstellung gelegt, hier kurze Zeit gelassen (je nach Stärke des Zuges) und dann langsam unter Beobachtung des Leitungsmanometers in die Fahrtstellung zurückgebracht. Findet das Auffüllen zu schnell oder zu flüchtig statt, so wird die B-Kammer an einzelnen Bremsapparaten nicht vollständig aufgefüllt. Die Bremse bleibt dann fest. Da in der A-Kammer die Druckluft nicht verbraucht wird, sondern nur infolge des Trennungskolbens zwischen A und B sich ausdehnt, so muß die B-Kammer auch wieder ihren Anfangsdruck erhalten, wenn der A-Kolben in seine Anfangsstellung zurückgehen soll. Der Steuerkolben steht dabei in der Lösestellung, und der Steuerschieber verbindet den Bremszylinder mit der freien Luft. Der C- oder Einkammerzylinder löst erst ganz, wenn in der A- und B-Kammer Druckgleichheit vorhanden ist.

Hierauf beruht auch die Unerschöpfbarkeit der Kunze-Knorr-Bremse.

## 44. Stufenweises Lösen der Bremse.

Zur Erhöhung der Betriebssicherheit trägt die K.-K.-Bremse unbedingt durch ihre Abstufbarkeit beim Lösen des gebremsten Zuges bei. Der Führer ist hier in der Lage, durch zeitweises Lösen den Zug auf Gefällstrecken oder beim Einfahren in den Bahnhof in jeder beliebigen Geschwindigkeit zu halten.

Das stufenweise Lösen wird durch die A-Kammer in Verbindung mit dem Steuerventil bewirkt, wenn der Führer einen kleinen Füllstoß gibt oder den Hebel des Führerbremsventils in Fahrtstellung legt. Jetzt tritt Hauptbehälterluft in die Leitung. Dieser erhöhte Leitungsdruck steuert den Kolben des Steuerventils um, wodurch der Bremszylinder über beide Schieber im Steuerventil mit der freien Luft verbunden wird. Gleichzeitig strömt Leitungsluft in die B-Kammer ein, drückt den Trennungskolben nach der A-Kammer und verdichtet die Luft in dieser. Wird jetzt der Führerbremshebel in die Abschlußstellung zurückgelegt, so drückt die verdichtete A-Luft von der Steuerschieberseite auf den Steuerkolben.

Dieser nimmt seine frühere Stellung ein und unterbricht mit seinen Schiebern jede Verbindung.

104

Der abstufbare Lösevorgang hat sich vollzogen und kann so oft wiederholt werden, wie es die Umstände erfordern.

## 45. Uebertragungskammer.

Ein weiterer Vorteil der K.-K.-Bremse den anderen Bremsarten gegenüber ist die Uebertragungskammer, die sich an jedem Steuerventil befindet. Diese Kammer nimmt bei Einleitung einer Bremsstufe ein bestimmtes Quantum (0,3 l) Leitungsluft auf. Durch das an jedem Bremsapparat für sich stattfindende Abzapfen von Leitungsluft findet ein gleichmäßig beschleunigtes Anziehen der Bremse am ganzen Zuge statt, wodurch Zerrungen und Zugzerreißungen vermieden werden.

Die Luft in der Uebertragungskammer bleibt so lange in dieser erhalten, bis der Bremszylinderdruck von 0,6 at beim Lösen unterschritten wird.

## 46. Lastwechsel.

Der Lastwechsel der K.-K.-Güterzugbremse hat den Zweck, den beladenen stärker als den leeren Wagen abzubremsen.

Der Lastwechsel (Umstellhahn) des Steuerventils wird durch ein Gestänge, das an den Langträgern des Wagens in einer Kurbel endet, betätigt. Wird die Kurbel des Umstellhahnes auf „Leer" gestellt, so ist bei Druckgleiche zwischen dem B= und C=Raum des Bremszylinders die höchste Bremswirkung erreicht.

Wird dagegen der Umstellhahn auf „Beladen" gestellt, so entlüftet sich bei Druckgleiche zwischen B- und C=Kammer die B=Kammer selbsttätig über das V=Ventil und der Zweikammerkolben tritt bremsverstärkend in Tätigkeit.

## 47. G P=Wechsel.

Damit auch Wagen mit Westinghouse= oder Knorr=Bremsapparaten in luftgebremsten Güterzügen laufen können, ist an diesen Apparaten ein Umstellhahn G P zwischen Steuerventil und Hilfsluftbehälter oder Bremszylinder eingebaut worden.

Der G P=Wechsel besteht aus einem Mindestdruckventil nebst Stufenkolben gleicher Bauart und Wirkungsweise wie beim Steuerventil der K.=K.=Bremse, und aus einem Umstellhahn. Das Mindestdruckventil ist erforderlich, um die gleiche kleine schnell ansteigende erste Bremsstufe, wie sie das Mindestdruckventil der K.=K.=Bremse ergibt, zu erreichen. Durch den Umstellhahn wird in der Stellung „G" zwischen Hilfsluftbehälter und Bremszylinder eine enge Bohrung eingeschaltet, durch deren Wirkung der Bremsdruck im Bremszylinder langsam der K.=K.=G= Bremse angepaßt ansteigt. In Stellung „P" dagegen hat der Umstellhahn eine große Bohrung,

durch die der Bremsdruck im Bremszylinder unge=
drosselt den bisherigen Verlauf für Personenzüge
beibehält. Beim Lösen der Bremsen (in Stellung
„G") wird die Bremsluft aus dem Bremszylinder
ebenfalls über die kleine Bohrung geleitet und der
Luftaustritt gleichfalls gedrosselt, so daß der Löse=
vorgang der mit GP=Wechsel ausgerüsteten Wagen
ebenso allmählich vor sich geht, wie bei den Wagen
mit K.=K.=Bremse „G".

Soll aber der GP=Wechsel seine Aufgabe er=
füllen, so ist es notwendig, daß der Absperrhahn des
Einkammersteuerventils in Betriebsbremsstellung
(wagerechte Lage des Hebels) gelegt wird, sobald der
Wechsel auf „G" eingestellt ist.

Steht der Absperrhebel des Steuerventils senk=
recht, so ist es auf Schnellbremswirkung eingestellt.
Liegt der Hebel in der Schräglage, so ist der Brems=
apparat ausgeschaltet.

## 48. Drosselhahn (GP=Hahn).

Lokomotiven, die zur Beförderung von luftge=
bremsten Güterzügen verwendet werden, müssen am
Bremsapparat des Tenders einen GP=Wechsel und
an dem der Lokomotive einen Drosselhahn haben.
Dieser einfache Hahn, dessen Küken bei Stellung „G"
eine kleine Bohrung und auf Stellung „P" eine
große Bohrung freigibt, hat lediglich die Aufgabe,

bei Güterzügen die Bremsapparate der Lokomotive den im Zuge befindlichen K.=K.=Bremsapparaten anzupassen.

Wird ein luftgebremster Güterzug von einer Lokomotive, die mit diesen Vorrichtungen nicht ausgerüstet ist, befördert, so muß das Steuerventil des Tenders auf Betriebsbremsung (wagerechte Lage des Hebels) eingestellt werden. Um Zugtrennungen zu vermeiden, ist kurz vor dem Lösen der durchgehenden Bremse die Tenderbremse anzuziehen.

## 49. Beschleunigungsventil.

Als Neuerung bei den K.=K.=Personenzug= und Schnellbahnbremsen ist am Bremsapparat ein sogenanntes „Beschleunigungsventil" hinzugekommen.

Es besteht aus einem einfachen Steuerventil mit einem kleinen Luftbehälter, ähnlich dem an der Lokomotive, und dient lediglich zur Ausführung einer Schnellbremsung.

Auf der einen Seite des Steuerkolbens drückt 5 atü Leitungsluft, auf der anderen Seite 5 atü des kleinen Hilfsluftbehälters. Bei gewöhnlicher Betriebsbremsung tritt das Beschleunigungsventil nicht in Tätigkeit, sondern der Steuerkolben macht hier bei jeder schwachen Druckverminderung in der Leitung nur einen Leerhub mit.

Durch eine kleine Bohrung im Schieber läßt das Abstufungsventil, das mit dem Steuerkolben verbunden ist und dessen Bewegungen mitmacht, Luft aus dem kleinen Hilfsbehälter ins Freie entweichen. Außerdem ist eine Belastungsfeder vorhanden, und zwar ist diese bei Personenzügen auf 2,5 Kilo und für Schnellbahn auf 1,5 Kilo abgestimmt, die den Leerhub des Steuerkolbens auffängt. Hierdurch kann bei Betriebsbremsungen eine Schnellbremsung nicht eintreten. Nur bei plötzlicher Druckverminderung in der Leitung wird der Steuerkolben unter Ueberwindung der Belastungsfeder in seine äußerste Endlage geschleudert, nimmt den Schieber mit und verbindet die Leitungsluft mit dem Bremszylinder.

Die Belastungsfeder der K.-K.-P-Bremse kann mit der der K.-K.-S-Bremse nicht vertauscht werden, weil die Federn nur in die dazugehörige Kappe passen.

Dagegen kann aus einer K.-K.-P-Bremse eine K.-K.-S-Bremse oder umgekehrt durch Austausch der Kappen mit zugehörigen Federn gemacht werden, wenn es im Betrieb erforderlich ist.

Am Beschleunigungsventil befindet sich ein Umstellhahn, der durch ein Gestänge mit dem Umstellhahn des Steuerventils verbunden ist. Durch Stellung dieses Hahnes auf „G" ist das Beschleunigungsventil ausgeschaltet, die Verbindung nach dem Bremszylinder ist unterbunden. Der Steuerkolben jedoch macht auch hier bei jeder Bremsung seinen Leerhub mit. Dieses leere Mitlaufen verhütet gleichzeitig ein Festsetzen seiner Steuerorgane.

Bei Stellung des Hahnes auf „P" oder „S" ist das Beschleunigungsventil wieder eingeschaltet.

Am unteren Gehäuse des Beschleunigungsventils befindet sich auch noch der Absperrhahn, durch den der ganze Bremsapparat ein= oder ausgeschaltet werden kann.

In der senkrechten Stellung des Hebels ist die Bremse ein= und in der Schräglage ausgeschaltet, der Wagen läuft somit im letzteren Falle als Leitungswagen.

## 50. Ueberladen der Bremse.

Ist durch irgend einen Umstand ein Ueberladen der Druckluftbremse eingetreten, so muß der Leitungsdruckregler auf den erhöhten Leitungsdruck eingestellt werden, damit alle Bremsen im Zuge lösen.

Durch allmähliches Zurückstellen des Leitungsdruckreglers, das am besten so geschieht, daß man in Zwischenräumen von 1 bis 2 Minuten die Stellschraube jedesmal nur ein kleines Stückchen zurückschraubt, kann man während der Fahrt den normalen Leitungsdruck von 5 atü wiederherstellen.

Beim Halten kann auch das Ueberladen durch Betätigung der Auslöseventile, am besten nach einer Vollbremsung, behoben werden.

(Um die Empfindlichkeit der K.=K.=Bremse herab=
zumindern, sind ihre Steuerorgane so gehalten, daß
bei einer geringen Undichtigkeit in der Leitung
Druckunterschiede in den Steuerapparaten nicht ein=
treten dürfen.

Beim Bremsen am Prüfstand mit dem Empfind=
lichkeitshahn mit 0,8 mm Bohrung darf die Bremse
noch nicht in Tätigkeit treten. Entspricht die Undich=
tigkeit jedoch der Bohrung von 2,0 mm des Emp=
findlichkeitshahnes, so muß die Bremse anziehen.

Die Bremsapparate gestatten daher auch, den
erhöhten Leitungsdruck vorsichtig und zeitweise her=
unterzudrosseln.)

## 51. Luftleitungs=Schnelldruckregler der Knorr=Bremse A. G.

Dieser neueste Schnelldruckregler ist seit Einfüh=
rung der durchgehenden Druckluftbremse bei langen
Güter= und Personenzügen, die ein schnelles Auf=
füllen der Hauptluftleitung und trotzdem ein be=
triebssicheres Arbeiten verlangen, unbedingt erfor=
derlich. Infolge dieses schnellen Auffüllens über ein
besonderes Füllventil mit großem Querschnitt kann
der Hebel des Führerventils zum Lösen der Bremsen,
nach vorausgegangenem kräftigen Füllstoß, in der
Fahrtstellung liegen bleiben.

Der Vorgang des Auffüllens der Hauptleitung
ist, bei Fahrtstellung des Führerbremshebels, hier

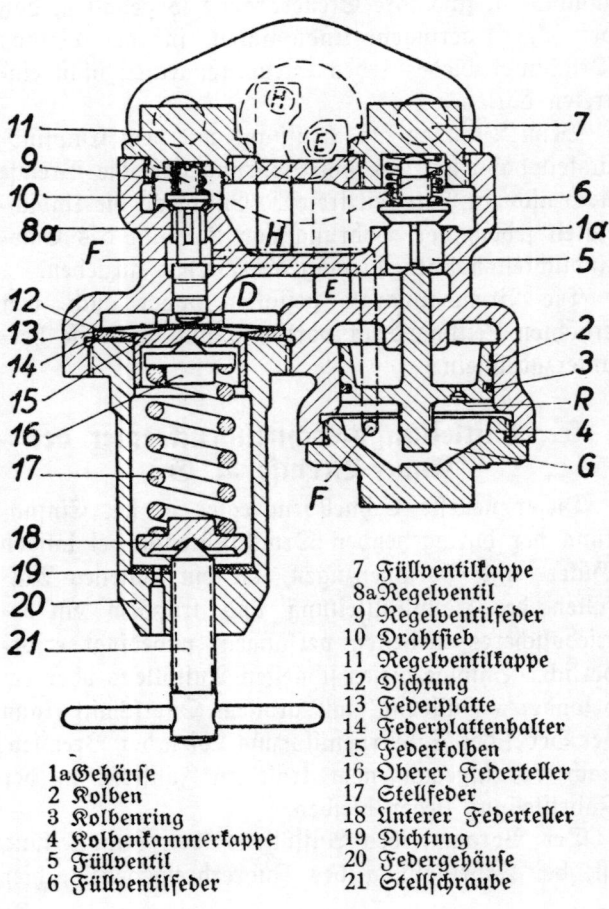

Abb. 21.  Schnelldruckregler im Schnitt.

1a Gehäuse
2 Kolben
3 Kolbenring
4 Kolbenkammerkappe
5 Füllventil
6 Füllventilfeder
7 Füllventilkappe
8a Regelventil
9 Regelventilfeder
10 Drahtsieb
11 Regelventilkappe
12 Dichtung
13 Federplatte
14 Federplattenhalter
15 Federkolben
16 Oberer Federteller
17 Stellfeder
18 Unterer Federteller
19 Dichtung
20 Federgehäuse
21 Stellschraube

von dem des Druckregelns getrennt. Ein besonderes Füllventil, das durch einen Kolben betätigt wird, läßt Hauptbehälterluft über große Querschnitte der Hauptleitung zuströmen. Der Kolben selbst wird durch die Veränderungen des Druckes in der Hauptleitung bewegt. Solange der Betriebsdruck von 5 atü in der Hauptleitung nicht erreicht ist, strömt die von H kommende Hauptbehälterluft über das geöffnete Regelventil 8a und den Kanal F unter den Kolben 2, drückt ihn hoch und öffnet dadurch das Füllventil 5. Die bei E liegende Hauptleitung wird nun schnell aufgefüllt. Die Federplatte 13, die durch die Stellfeder 17 auf 5 atü Leitungsluft eingestellt ist, hält das Regelventil 8a so lange offen, bis 5 atü in der Hauptleitung erreicht sind. Sobald der Regeldruck jedoch erreicht ist, überwindet er die Spannkraft der Stellfeder 17 und drückt die Federplatte nieder. Das Regelventil 8a wird unter dem Druck der Feder 9 und gleichzeitig das Füllventil 5 unter dem Druck der Feder 6 geschlossen, denn der Druck unter dem Kolben 2 verschwindet. Er gleicht sich währenddessen durch die kleine Bohrung R mit dem Druck über dem Kolben aus.

Bei geringstem Druckabfall in der Hauptleitung, der durch Undichtigkeiten im Zugparke oder nicht genügendes Auffüllen hervorgerufen wird, drückt die Stellfeder 17 die Federplatte wieder nach oben und öffnet das Regelventil 8a. Das Spiel wiederholt

sich. Der Kolben 2 bewegt sich unter dem Haupt=
behälterdruck, der über das Regelventil 8a und den
Kanal F zur Kammer G gelangt, wieder aufwärts,
öffnet das Füllventil 5 und hält es so lange offen,
bis in der Leitung der Regeldruck erreicht ist.

Sollte die Undichtigkeit im Zuge so groß sein, daß
der Betriebsdruck ohne Nachstellen nicht erreicht
wird, so dreht man die Stellschraube leicht nach
rechts, bis der volle Regeldruck wieder vorhanden ist.

Ist die Federplatte (Membrane) schadhaft gewor=
den, so daß die gesamte Leitungsluft ins Freie
strömt, so ist die Stellschraube herauszuschrauben.
Leitungsluft drückt dann den unteren Federteller 18
auf eine im Federgehäuse eingelegte Dichtung und
schließt die Ausströmbohrung ab. In diesem Falle
muß der Leitungsdruck mit dem Führerbremsventil
geregelt werden, indem der Hebel aus der Fahrt=
stellung etwas nach rechts in die Füllstellung gelegt
wird, um 5 atü in der Leitung zu halten.

Tritt der Fall ein, daß sich der Druck in der
Hauptleitung mit dem Druckregler nicht mehr genau
einstellen läßt, sondern daß der Leitungsdruck dau=
ernd weiter steigt, bis der Hauptbehälterdruck er=
reicht ist, so hat sich das Regelventil 8a im geöffneten
Zustand durch Unreinigkeiten in der Leitung (Rohr=
zunder) festgesetzt. Wird dieser Zustand rechtzeitig
bemerkt, bevor sich der Druck in der Leitung mit dem
des Hauptbehälters ausgleicht, so legt man schnell

**114**

den Führerbremshebel aus der Fahrt= in die Mittel= oder Abschlußstellung und regelt mit diesem den Leitungsdruck bis zur nächsten Haltestelle. Beim Halten des Zuges, wo ein genügender Aufenthalt vorgesehen ist, sperrt man die Hauptleitung zwischen Lokomotive und Zugpark ab, läßt mittels einer Schnellbremsung die Leitungsluft der Lokomotive abströmen und legt den Führerbremshebel wieder in Mittel= oder Abschlußstellung. Dann löst man die Regelventilkappe 11 und nimmt das Regelventil 8a heraus, um es zu reinigen. Vor dem Einsetzen und Einfetten des Regelventils 8a wird der Führerbremshebel kurze Zeit in Füllstellung gelegt, um mit der Druckluft des Hauptbehälters die Unreinigkeiten im Gehäuse des Druckreglers fortzureißen.

Nach dieser Arbeitsausführung werden die Absperrhähne der Hauptleitung zwischen Lok. und Zugpark w i e d e r g e ö f f n e t und eine Bremsprobe ausgeführt, um die Druckluft in der Leitung und den Bremsapparaten im Zuge wieder auf 5 atü zu bringen.

## 52. Elektrische Lichtmaschine für Lokomotiven, Bauart AEG

Den Strom erzeugt ein Turbogenerator von 0,5 KW Leistung, der auf dem Scheitel der Rauchkammer angeordnet ist. Turbine und Generator

8*

sind durch ein durchbrochenes Gehäuse verbunden
und stehen, um ein Verspannen beim Festziehen der

## Turbogenerator der AEG

Abb. 22.
Vorderansicht, Turbine geschlossen.

Abb. 23.
Turbine geöffnet.

Befestigungsschrauben zu verhindern, mit drei Füßen
auf einer eisernen Brücke.

Die Turbine ist als einstufige Gleichdruckturbine
mit zwei Geschwindigkeitsstufen ausgebildet. Das

116

Turbinenrad ist aus Stahl und hat nur einen Schaufelkranz, dessen Schaufeln durch Stifte befestigt, hart gelötet und durch einen starken Schrumpfring gesichert sind. Durch eine Dampfdüse aus Stahl wird der Dampf den Schaufeln axial zugeführt. Eine Umkehrleitschaufel aus Bronze lei=

Abb. 24.
Turbinenrad mit angebautem Fliehkraftregler.

tet den Dampf, nachdem er aus dem Laufrad ausgetreten ist, zum zweiten Mal auf den gleichen Schaufelkranz. Befestigt ist das Turbinenrad auf der zweifach gelagerten Welle des Generators, die auf hochschultrigen Kugellagern läuft, die auch den vom Regulator herrührenden geringen Axialschub aufnehmen und nur einer einmaligen jährlichen Schmierung bedürfen.

Die Geschwindigkeitsregelung der Turbine erfolgt durch einen einfachen Fliehkraftregler mit Federbelastung. Die Regulatorgewichte sind mit gehärteten Schneiden unmittelbar auf Tragarme des Laufrades gelagert und übertragen ihre Bewegung durch Winkelhebel auf die fliegende Druckscheibe aus hartem, nichtrostendem Stahl.

Ihre Richtung erhält die Druckscheibe allein durch das Anlegen an eine harte Kohlenscheibe. Die Kohlenscheibe selbst wird durch den Regulatorschieber geführt und durch die Zusatzfeder in axialer Richtung an die Druckscheibe gepreßt. Hierdurch wird, ohne Zwischenschaltung von Hebeln, die Bewegung direkt auf den Regulierschieber übertragen.

Es wird also beim Wachsen der Geschwindigkeit des Turbinenrades ein Auseinanderschleudern der Regulatorgewichte stattfinden, wodurch der Regulierschieber die Dampfeinströmung drosselt. Beim Nachlassen der Geschwindigkeit zieht die Feder die Gewichte wieder zusammen, wobei der Schieber die Dampfeinströmung mehr öffnet.

Durch diese Anordnung bleibt die Drehzahl des Turbogenerators innerhalb einer Kesselspannung von 5 bis 16 atü, ohne Nachregelung von Hand, konstant.

Der Regulierschieber ist axial in Verlängerung der Turbinenwelle angeordnet. Er ist ein vollständig vom Dampfdruck entlasteter Rundschieber und besteht aus nichtrostendem Stahl. Die Schieberbuchse dagegen ist aus Monelmetall, so daß ein Festsitzen durch Einrosten nach längerem Stillstand oder ein Abnutzen durch die Dampfströmung vermieden wird. Gegen Verdrehen ist der Schieber durch einen gehärteten Querkeil an seinem Ende gesichert. Diese einfache Vorrichtung ermöglicht die Einstellung des Regulierschiebers in axialer Richtung. Eine Ueberwurfmutter über der Druckscheibe und die Kohlenscheibe sichert die Rückwärtsbewegung des Schiebers, falls er einmal durch Ueberreißen von Wasser in der Dampfeintrittsöffnung festsitzen sollte. Die Zugfeder des Regulators kann durch zwei Schrauben, die von außen zugänglich sind, eingestellt werden. (Siehe Abb. 24 und Abb. 25.)

Die Welle des Turbogenerators ist beim Durchtritt durch das Gehäuse durch zwei stillstehende, überlappt geschlitzte, gegen das Gehäuse federnde Kolbenringe abgedichtet. Der Raum zwischen den beiden Kolbenringen ist durch eine Bohrung mit der Außenluft verbunden, damit kein Ueberdruck entstehen kann, selbst wenn im Gehäuse ein geringer Ueberdruck vom Vorwärmer aus entstehen sollte. Sickerdampf, der sich zwischen den Kolbenringen bilden könnte, wird durch diese Bohrung ins Freie geleitet.

Der Frischdampf wird dem vor dem Führerhause sitzenden Dampfentnahmestutzen entnommen und der

Turbine durch eine Oeffnung von 16 mm lichte Weite zugeführt. Der Abdampf wird durch ein Rohr von 52 mm lichte Weite in den Vorwärmer geleitet.

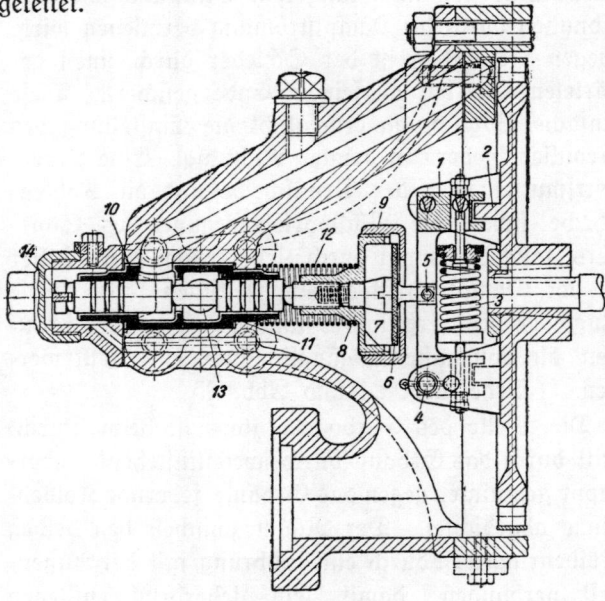

Abb. 25.

Schnittzeichnung des Reglers.

| | |
|---|---|
| 1 Regulatorgewichte | 8 Spurlagergehäuse |
| 2 Ausschlagbegrenzer | 9 Ueberwurfmutter |
| 3 Regulatorfeder | 10 Regulierschieber |
| 4 Drehschneiden | 11 Schieberbuchse |
| 5 Gelenk | 12 Zusatzfeder |
| 6 Spurscheibe | 13 Dampfeintrittsöffnung |
| 7 Kohlenscheibe | 14 Querkeil |

120

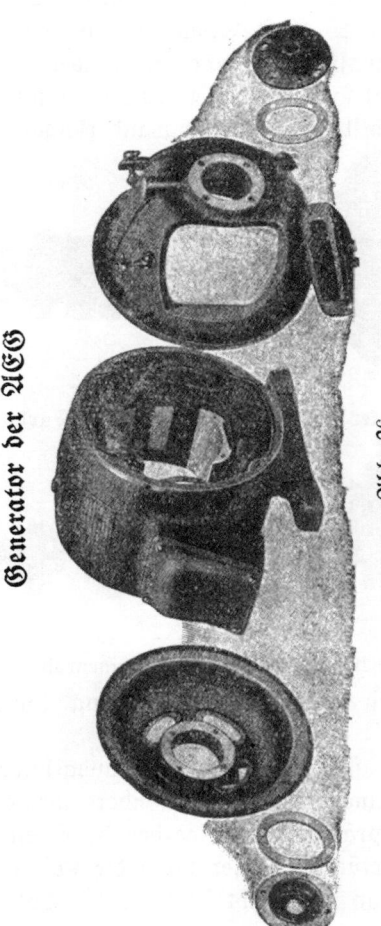

Generator der AEG

Abb. 26.

Generator (auseinandergenommen).

121

Der Generator ist eine Gleichstrom-Compound-maschine von 25 Volt Spannung in ventiliert geschlossener Ausführung. Er besitzt zwei Hauptpole, einen Hilfspol sowie eine Compoundwicklung, der die Aufgabe zufällt, bei Belastungsänderungen zwischen

Abb. 27.
Generatoranker mit fliegend aufgesetztem Turbinenrad.

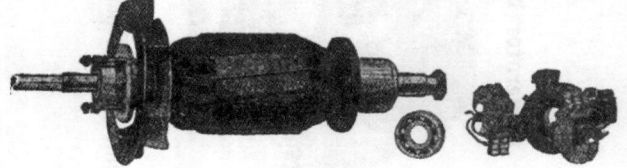

Abb. 28.
Generatoranker ohne Turbinenrad.

Leerlauf und Vollast die Spannung konstant zu halten.

Die Lager sind als Kugellager ausgebildet.

Die Wicklungen sind hier besonders sorgfältig isoliert und imprägniert und werden durch einen Lüfter kräftig gekühlt. Dieser saugt die Luft durch die Oeffnungen an und treibt sie durch die Polzwischenräume hindurch und über den Kommutator hinweg wieder ins Freie. Die Erwärmung kann dadurch unterhalb der durch die Regeln für die Bewertung und Prüfung elektrischer Maschinen (REM.) festgesetzten Grenzen bleiben.

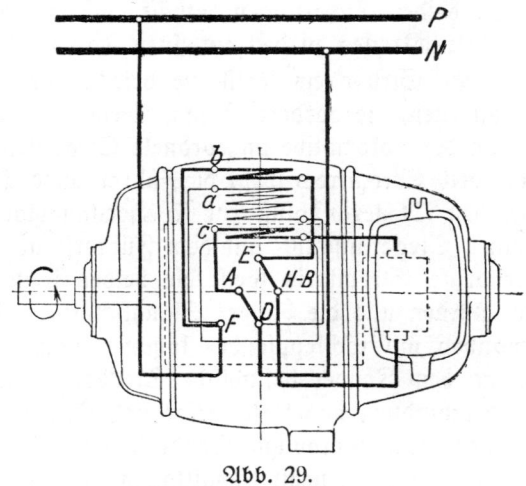

Abb. 29.
Schaltbild des Generators.
a) Hauptfeld  b) Verbundwicklung  c) Wendefeld.

Die Bürstenhalter haben hier, mit Rücksicht auf die starken Erschütterungen der Fahrzeuge, bei denen der Generator Verwendung findet, eine Sonderausführung erhalten. Der Anker ist statisch und dynamisch genau ausgewuchtet, so daß ein ruhiger, erschütterungsfreier Gang gewährleistet bleibt.

# Anordnung der Stromführung an Einheits= lokomotiven.

Die Stromführung läuft von der Turbine über einen im Führerhaus angebrachten Schalterkasten, der die Schalter für sämtliche Lampen und Laternen, sowie die beiden Sicherungen enthält, und von dort in drei Stromkreisen zu den einzelnen Brennstellen.

Der erste Stromkreis speist die beiden vorderen Pufferlaternen, die vordere Signallaterne und zwei außen an der Lokomotive angeordnete Steckdosen.

Der zweite Stromkreis speist die Führerhausdecken= lampe, den Steckeranschluß zur Wasserstandslampe und einen Steckeranschluß auf dem Führerstand.

Der dritte Stromkreis speist die beiden hinteren Pufferlaternen und die hintere Signallaterne. Bei Lokomotiven mit Schlepptender kommen noch zwei außen an dem Tender befindliche Steckdosen hinzu.

Die Verbindung von Lokomotive und Tender er= folgt durch eine vierpolige Sondersteckvorrichtung. Sämtliche Leitungen nebst Schaltkasten sind wasser= und staubdicht abgeschlossen.

Die Lichtleistung der Glühbirne beträgt 25 Watt bei 24 Volt Spannung. Mit Rücksicht auf eine möglichst lange Lebensdauer des Glühfadens ist dieser kleine Wert gewählt worden, denn je niedriger die Spannung ist, desto stärker können die Glüh= fäden gehalten werden, wodurch sich die Bruchgefahr gegen Erschütterungen verringert.

# Unterhaltung der AEG=Turbogeneratoren im Betrieb.

Beim Anlassen der Lichtmaschine ist das Dampf=
anlaßventil ganz langsam zu öffnen, um den Schau=
felkranz vorzuwärmen, damit er durch Wasserschläge
nicht beschädigt wird.

1. **Schmierung.** Das Fett zum Schmieren
für die Lager muß frei von Harzen und Säuren
sein. Der Tropfpunkt soll etwa bei 120 bis 140° C.
liegen. Als geeignetes Fett wird das Ossagol=Wälz=
lagerfett V 3150 empfohlen. Mit dieser Schmie=
rung kann die Maschine ein Jahr bei täglich 8= bis
10stündigem Betrieb in Benutzung bleiben. Nach
dieser Zeit sind die Lager mit Benzin zu reinigen
und wieder einzufetten.

Es ist darauf zu achten, daß der Regulierschieber
**nicht** geschmiert wird, da Fett oder Oel unter Ein=
wirkung von Dampf verkrustet und der Schieber
dann zum Festsitzen kommt.

2. **Einstellen der Steuerung.** Die mitt=
lere Drehzahl des Turbogenerators ist 3600 Umläufe
pro Minute.

Wenn sich nach längerer Betriebszeit die Touren=
zahl um 100 Umläufe pro Minute erniedrigt, so
hat sich die Kohlenscheibe abgenützt. Die Lam=
pen werden dunkel brennen.

Die Verschlußkapsel, die den Querkeil verdeckt (in
der Schnittzeichnung des Reglers zu sehen), wird ab=

genommen, und der Regulierschieber 10 eine halbe
Umdrehung herausgeschraubt, um die alte Drehzahl
wieder zu erreichen.

Herausschrauben des Regulierschiebers um eine
halbe Umdrehung erhöht die Tourenzahl um 100
Umläufe in der Minute.

Hineinschrauben des Schiebers um eine halbe
Umdrehung erniedrigt die Tourenzahl um 100 Umläufe in der Minute.

In neuerer Zeit werden diese Turbogeneratoren
direkt mit Mittelfrequenzgeneratoren für die induk-
tive Zugbeeinflussung gekuppelt. Diese Einrichtung
verlangt eine einigermaßen konstante Umdrehungs-
zahl. Es ist daher bei den Maschinen neuester Ausführung die Möglichkeit gegeben, den Regulatorschieber um 60° zu verdrehen, statt wie bisher um 180°.

Ist die Kohle des Spurlagers um einen Schraubengang des Regulatorschiebers abgenützt, so muß
die Ueberwurfmutter 9 nachgestellt werden. Sie
soll den inneren Rand der Stahlspurscheibe 6 gerade nicht mehr berühren.

Die Drehzahl der Maschine kann zum Einstellen
der elektrischen Spannung auch noch auf eine andere
Art verändert werden: durch Anziehen oder Los-
lassen der Regulierfeder 3. Mittels eines Spezial-
schlüssels, der mit der Lichtmaschine mitgeliefert wird,
sind die betreffenden Schrauben, nach Entfernung

**126**

der seitlichen Deckel am Gehäuse (auf Abb. 22 und Abb. 23 deutlich erkennbar), von außen zugänglich.

Eine Umdrehung der Mutter auf jeder Seite ändert die Drehzahl um etwa 200 Umläufe in der Minute. Hier ist vorsichtig zu verfahren, sonst wird die Feder überzogen.

Nach jedesmaligem Verstellen der Steuerung ist zu prüfen, ob die Maschine bei Leerlauf nicht durchgeht.

Wird ein Nachlassen der Drehzahl bzw. der elektrischen Spannung bei gleichbleibendem Dampfdruck und Belastung bemerkt, so ist der Regulierschieber verstopft, die Lampen brennen unruhig. Die Dampfzuführung ist sofort zu schließen und dann langsam wieder zu öffnen. Der Regulierschieber macht hierbei einen vollen Hub, wobei der Schmutz fortgeschwemmt werden kann.

Zeigt die Maschine im Betriebe Neigung zum Durchgehen, so ist von Hand mit dem Dampfanlaßventil die Geschwindigkeit zu regulieren, ehe die Lampen durchbrennen. Im Schuppen ist die Maschine nachzusehen und sorgfältig zu reinigen.

3. Einstellen der Bürsten. An der Stellung der Festklemmschrauben, die in der Fabrik einreguliert werden, darf nichts geändert werden.

Neue Kohlenbürsten sind in folgender Weise einzuschleifen: Zwischen Kommutator und Kohle legt man einen Bogen Glaspapier mit der rauhen Seite der Kohle zugekehrt und zieht den Bogen zunächst

hin und her, und dann nur in der Drehrichtung des
Kommutators, bis die Kohle mit ihren Anlageflächen
sich der Kommutatorrundung genau anschmiegt. Die
Bürsten und Halter sind sauber vom Kohlenstaub
zu reinigen.

4. Pflege des Kommutators. Damit
keine Funkenbildung entsteht, ist der Kommutator
sauber zu halten. Jeden dritten oder vierten Tag ist
er mit einem sauberen Lappen zu reinigen. Bei
starker Verschmutzung wird der Lappen mit etwas
Benzin getränkt. Eine rauhe Kommutatorfläche ist
mit feinstem Glaspapier zu glätten, aber nur im
kalten Zustande und zwar unter Verwendung eines
passenden Holzes von der Breite und Rundung des
Kommutators. Damit kein Kupferstaub in die Maschine dringt, legt man beim Schleifen einen Lappen
vor und läßt nach dem Schleifen mit einem trockenen,
sauberen Lappen ablaufen.

Bevor die Bürsten auf den Kommutator gelegt
werden, ist der Kohlen=, Kupfer= und Glasstaub
sorgfältig zu entfernen.

## Fehlerhafte Bedienung.

Verrosten der Turbine. In reinem Dampf
rostet Eisen oder Stahl nicht. Rosten tritt nur ein,
wenn im Stillstand der Maschine Sickerdampf und
Luft eindringen, insbesondere wenn die Luft Kohlen-
säure enthält. Wenn nach dem Abstellen der Ma=

schine durch eine richtig angebrachte Entwässerung alles Kondenswasser abfließen kann, so trocknet die Turbine sofort völlig aus. Auch bei Zutritt von trockner Luft tritt dann kein Rosten mehr ein. Sicker= dampf muß von der stillstehenden Maschine entweder ganz ferngehalten werden, oder es muß soviel Sicker= dampf zugelassen werden, daß die Entwässerungs= leitung und das Auspuffrohr dauernd so stark blasen, daß keine Luft in die Turbine eindringen kann.

Steht die Maschine ohne Dampf im Freien und kommt sie durch atmosphärische Einflüsse zum Schwitzen, so ist Rosten unvermeidlich, namentlich wenn bei ungenügender Entwässerung Wasser in der Maschine stehen geblieben ist.

U. a. sind folgende Fehler vorgekommen:

1. Die Beschreibungs= und Behandlungsvorschrift war nicht in den Händen des Betriebspersonals. Jeder Maschine werden zu diesem Zweck zwei Stück der Vorschriften beigepackt.

2. Die Regulatorfeder (3) war überzogen, so daß sie an den Regulatorgewichten (1) zur Anlage kam. Die Maschine ging durch.

3. Der Regulierschieber wurde geschmiert. Zu diesem Zwecke wurden sogar vom Betriebspersonal Schmierhähne aufgesetzt oder es wurde vom Be= triebspersonal geklagt, daß zum Schmieren des Schiebers die Verschlußschraube — sie sitzt im Kanal, der den Dampf von dem Regulierschieber

nach dem Turbinenrad leitet und dient zum Auf=
setzen eines Manometers zum Untersuchen der Ma=
schine — gelöst werden müßte. Das Oel wurde
natürlich nach einiger Zeit durch den Einfluß der
Dampfwärme hart und die Maschine regulierte —
namentlich beim Anfahren — nicht mehr.

Der Regulierschieber darf n i c h t geschmiert wer=
den. Er ist bei einer neuen Maschine oder nach dem
Ueberholen in der Werkstatt vollkommen trocken und
rein einzusetzen. Schieber und Schieberbuchse be=
stehen aus nichtrostendem Material.

4. Die Ueberwurfmutter (9) wurde nicht recht=
zeitig nachgezogen oder die Kohle (7) wurde nicht
zeitig genug ausgewechselt, nutzte sich um mehr als
5 mm ab und das Spurlager kam völlig in Unord=
nung.

Es hat sich im Betrieb gezeigt, daß die Abnutzung
der Kohle im Laufe eines Jahres etwa 0,6 mm ist,
das ist etwa $\frac{1}{2}$ Schraubengang der Nachstellung.
Die Ueberwurfmutter wäre demnach jährlich einmal
nachzusehen und nachzustellen; nachdem die Kohle
3 mm abgenutzt ist, muß sie ausgewechselt werden.
Ueber das Nachstellen der Steuerung sollte in der
Werkstatt für jede einzelne Maschine Buch geführt
werden.

5. Es wurde fortwährend am Drehzahlregler her=
umgestellt, um die Spannung des Generators zu
regulieren und dabei geglaubt, der Regulator ver=

stelle sich von selber während des Betriebes. Das tut er nicht. Es wurde einfach vergessen, daß die Spannung jedes Generators um 20 % verschieden sein kann, je nachdem der Generator kalt oder warm ist.

6. Es wurde bemängelt, daß die Maschine nur auf drei Füßen stehe. Bei nur drei Füßen kann aber die Maschine auf dem Fundament nicht verzogen werden, was bei vier Füßen unfehlbar eintreten würde, weil nicht zu erwarten ist, daß Fundament und Unterfläche der Maschine an vier Stellen genau aufeinander passen. Drei Stellen passen immer.

7. Der Turbogenerator wurde gerade über einer Teilfuge des Umlaufbleches montiert. Das Umlaufblech war außerdem nicht fest mit dem Lokomotivrahmen verbunden und tanzte samt dem Turbogenerator während der Fahrt. Demzufolge riß die Dampfleitung ab.

8. Die Entwässerung der Abdampfleitung war nicht angebracht oder verstopft; die Turbine verrostete.

9. Die Abdampfleitung wurde in die Rauchkammer der Lokomotive geführt und die Turbine verrostete.

10. Die Bürstenbrille wurde unsachgemäß verstellt. Der Generator gab trotz der Erhöhung der Drehzahl nicht die richtige Spannung.

11. Die Kohlenbürsten und der Kollektor waren so verschmutzt, daß der Generator zu wenig oder

gar keine Spannung gab. Kohlenbürsten und Kollektor müssen von Zeit zu Zeit mit Benzin gereinigt werden. Es kam vor, daß der Schmutz zwischen den Kommutatorsegmenten mit einem scharfen Werkzeug entfernt wurde. Es entstand ein Grat, der die Kohlenbürsten am Aufliegen hinderte und der Generator gab keine Spannung.

## 53. Bosch=Lokomotiv= und Hochdruck=Oeler.

Der Bosch=Oeler LHA ist eine zwangläufig angetriebene Hochdruck=Schmierpumpe, die vorwiegend für Lokomotiven verwendet wird. Sie eignet sich aber auch für Hochdruckkompressoren, Hochdruckdampfmaschinen usw., d. h. Maschinen, bei denen hohe Drücke auftreten.

Die Bauart des Bosch=Lokomotiv=Oelers ist denkbar einfach und übersichtlich. Sämtliche Oelpumpen sind in einem gemeinsamen Behälter untergebracht. Jede Oelpumpe besteht aus dem Pumpenkörper mit Saug= und Druckkanal, dem Arbeitskolben und dem Steuerkolben. Ventile, Federn, Stopfbüchsen und Packungen, die Anlaß zu Störungen während des Betriebes geben könnten, sind vermieden. Unbedingte Betriebssicherheit ist daher gewährleistet.

Die Eigenart des Bosch=Oelers — auf der seine Einfachheit und Zuverlässigkeit beruht — liegt darin, daß die einzelnen Oelpumpen im Kreise um die senkrecht stehende Getriebewelle angeordnet sind

und gemeinsam durch zwei Hub= oder Schwank=
räder angetrieben werden. Die drehende Bewe=

Abb. 30.
Bosch=Lokomotiv=Oeler LHA.

gung der Getriebewelle wird also unmittelbar in die
Auf= und Abwärtsbewegung des Steuer= und Ar=

133

beitskolbens umgesetzt. Der Abnutzung unterworfene Gestänge sind dadurch entbehrlich. Die für den Antrieb des Oelers nötige Betriebskraft ist daher sehr gering. Beide Schwankräder stehen schief, in einem spitzen Winkel zur Getriebewelle geneigt.

Im Radkranz des unteren Schwankrads (des Steuerrads) sind die Steuerkolben eingehängt. Bei einer Umdrehung des Rads werden sie einmal auf und ab bewegt. Im Radkranz des oberen Schwankrads (des Arbeitsrads) hängen die Arbeitskolben, die bei jeder Umdrehung des Rads zwei Arbeitshübe ausführen. Beim ersten Arbeitshub wird das Oel in die eine, beim zweiten Arbeitshub in die andere der beiden an ein Pumpenelement angeschlossenen Leitungen gefördert.

Eine Verstellschraube ermöglicht es, den Hub, d. h. den Weg jedes Arbeitskolbens bei einer Auf- oder Abwärtsbewegung zu verkürzen oder zu verlängern. Je kleiner dieser Hub, desto kleiner auch die geförderte Oelmenge und umgekehrt. Durch diese Einstellbarkeit wird erreicht, daß nur die für jede Oelstelle unbedingt notwendige Mindestmenge Oel angesaugt und weitergedrückt wird, so daß sich der sparsamste Oelverbrauch ergibt, der mit einer Oelpumpe überhaupt erreicht werden kann. Einmal richtig eingestellt, bedarf der Oeler keiner Wartung; von Zeit zu Zeit ist lediglich der Oelbehälter wieder zu füllen.

Die Getriebewelle erhält ihren Antrieb durch Schraube und Schraubenrad von der aus dem Oeler herausragenden Oelerwelle, die ihrerseits durch einen Schwinghebel mit Rollenschaltwerk und Gestänge von der Lokomotivachse angetrieben wird. Der Bosch=Oeler arbeitet daher vollkommen zwangläufig. Jeder Aenderung im Gang der ihn antreibenden Maschine paßt er sich in Geschwindigkeit und Oelförderung sofort an. Wird sie angelassen, so beginnt er sofort zu arbeiten, steht sie still, so kommt auch er zur Ruhe, so daß keine Oelvergeudung stattfindet. Ein Abstellen des Oelers ist nicht erforderlich. Das gesamte Pumpensystem, Triebwerk mit Pumpenelementen, ist im Deckel des Oelbehälters befestigt, kann also leicht herausgenommen werden. Die Oelerwelle ist im Gehäuse gelagert. Da sämtliche beweglichen Teile des Bosch=Oelers ständig im Oelbad arbeiten, tritt selbst nach jahrelangem Betrieb keine nennenswerte Abnützung ein.

Jedes Pumpenelement ist für sich leicht auswechselbar. Die Pumpenkolben sind n i c h t für sich austauschbar. Bei schadhaften Kolben ist stets das betreffende Pumpe n e l e m e n t auszutauschen.

Gegendrücke an der Schmierstelle sowie Widerstände infolge von Querschnittsveränderungen oder Krümmungen der Rohrleitungen beeinträchtigen die Schmierung nicht. Die Oelförderung ist gleichmäßig. Der Oelstrom wird nicht durch Luftblasen unterbrochen. Jede Art von Schmieröl ist verwendbar. Dickflüssige Oele können durch eine Heizschlange angewärmt und dünnflüssig gemacht werden.

Die Arbeitsweise des Oelers ist folgende:

In der Mittelstellung des Steuerkolbens stellt eine Bohrung die Verbindung zwischen Ansaugöffnung und Hubraum her. Dadurch wird das Oel beim Aufwärtsgang des Arbeitskolbens angesaugt. Bei der Abwärtsbewegung des Arbeitskolbens (Druckhub) ist die Oeffnung der Saugleitung durch den Steuerkolben verschlossen, während ein Längskanal des Steuerkolbens die Verbindung zwischen Pumpenraum und der einen oder anderen der beiden Druckleitungen herstellt. Der abwärtsgehende Arbeitskolben kann also das Oel aus dem Pumpenraum durch eine Druckleitung zur Schmierstelle drücken. Der Steuerkolben wird in den Pausen zwischen Saughub und Druckhub durch das Steuerhubrad in die jeweils bedingte Stellung gebracht.

### Einzelheiten.

G e h ä u s e : Das im Querschnitt quadratische Gehäuse (1) faßt 7,5 Liter Oel. In einer Ecke des Gehäuses ist ein Oelstandsglas (16) untergebracht, das durch einen Stab vor Beschädigungen geschützt ist. An einer Skala neben dem Glas kann man den Oelinhalt in Gramm ablesen. Unter einer der vier Befestigungsschrauben des Oelerdeckels (die mit „Reserveglas" bezeichnet ist) ist ein Reservestandsglas in eine Bohrung des Gehäuses eingelegt. Es liegt in einem Halter aus Draht, so daß es bei Bedarf sicher und schnell herausgezogen werden kann. Die Einfüllöffnung des Gehäuses ist durch einen Klappdeckel (20) geschlossen, unter dem ein Einfüllsieb (19) sitzt. Ein Dreiweghahn (15) ermöglicht das Entleeren des Oelbehälters, sowie das Abschließen des Oelstands gegen den Behälter, z. B. beim Auswechseln des Oelstandsglases. Neben dem Dreiweghahn befindet sich eine durch Schraube geschlossene Bohrung zum Anschluß einer Dampfheizung, die z. B. notwendig wird, wenn sehr zähes Oel zu fördern ist oder der Oeler außen auf dem Umgang der Lokomotive steht.

Pumpenelemente: Die Pumpenelemente sind unmittelbar am Deckel (2) festgeschraubt und am unteren Ende durch eine Platte gegeneinander abgesteift. Diese enthält zugleich das Lager der Getriebewelle (8). Zum Anschrauben der Pumpenelemente am Deckel dienen die Oelauslaßnippel (10). Nach Lösen der Deckelschrauben (18) läßt sich der Deckel mit den Pumpenelementen zusammen herausnehmen. Die Mindestzahl der Pumpenelemente ist 3, die Höchstzahl 10, dementsprechend die Zahl der Oelauslässe 6 oder 20.

Jedes Pumpenelement besteht aus einem Pumpenkörper (3) mit einem Saugkanal (14a) und zwei

Druckkanälen (14b), einem Arbeitskolben (4) und einem Steuerkolben (5). Je nach Erfordernis können beide Druckleitungen zu Schmierstellen gleichen Oelbedarfs geführt werden („paarweise Regelung")

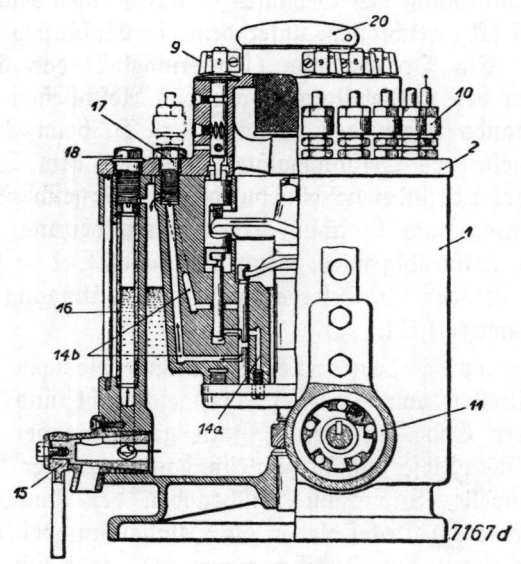

Abb. 31.
Einzelregelung — Druckstellung.

oder aber es wird nur eine Druckleitung mit Oelauslaß versehen, während das durch die zweite Druckleitung geförderte Oel in den Behälter zurückgeleitet wird („Einzelregelung").

Der Arbeitskolben ist in einem kurbelschleifenarti=
gen und mit Verstellschraube (22) versehenen Kopf
eingehängt, der über den Radkranz des Arbeitshub=
rads (6) greift und in einer Geradführung gleitet.

Paarweise Regelung.

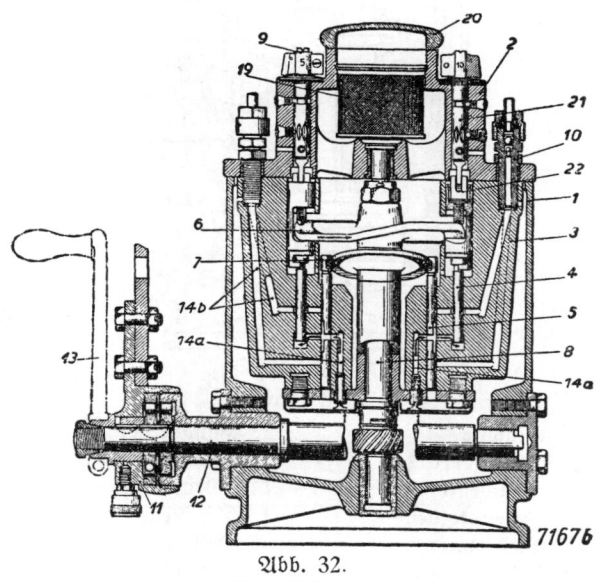

Abb. 32.
Saugstellung.

Infolge dieser Einrichtung kann der vom Arbeits=
hubrad (6) ausgeübte Seitendruck nicht auf den Ar=
beitskolben übertragen werden. Der Steuerkolben (5)
hat im oberen Teil eine Nut für den Eingriff des

139

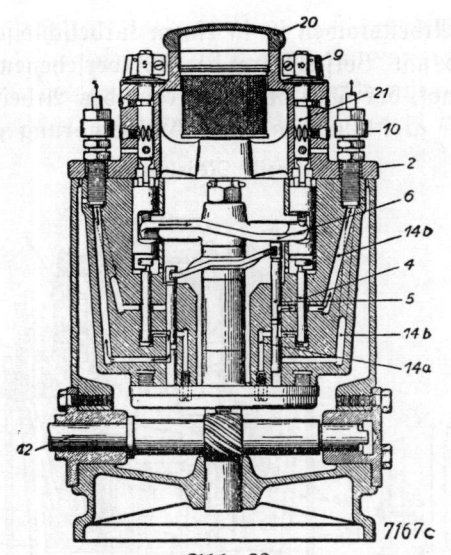

7167c

Abb. 33.
Druckstellung.

| | |
|---|---|
| 1 Gehäuse | 13 Handkurbel |
| 2 Gehäusedeckel | 14a Saugleitungen |
| 3 Pumpenkörper | 14b Druckleitungen |
| 4 Arbeitskolben | 15 Dreiwegehahn |
| 5 Steuerkolben | 16 Oelstand |
| 6 Arbeitshubrad | 17 Verschlußschraube |
| 7 Steuerhubrad | 18 Deckelschraube |
| 8 Getriebewelle | 19 Einfüllsieb |
| 9 Einstellgriff | 20 Verschlußdeckel |
| 10 Oelausläße | 21 Bolzen |
| 11 Rollenschaltwerk | 22 Verstellschraube |
| 12 Oelerwelle | 23 Zahlenscheibe |

Steuerhubrads (7); in seinem mittleren Teil ist eine Querbohrung und Längsnut vorgesehen, die den Pumpenraum abwechselnd mit der Saugleitung (14a) oder den beiden Druckleitungen (14b) verbindet.

Der Hub des Arbeitskolbens (4) läßt sich von außen verstellen, durch einen mit Einstellgriff (9) versehenen Bolzen (21), der nach Art eines Schraubenziehers in die Verstellschraube (22) eingreift. Unter dem Einstellgriff befindet sich eine mit den Ziffern 0—8 versehene Scheibe (23), mit welcher der Einstellgriff (9) durch ein Planetengetriebe derart in Verbindung steht, daß bei jeder vollen Umdrehung des Bolzens (21) die Zifferscheibe (23) gegenüber dem als Zeiger ausgebildeten Einstellgriff um eine Teilung zurückbleibt. Dadurch ist man in der Lage, den jeweilig eingestellten Kolbenhub an der Zifferscheibe abzulesen. Jede volle Umdrehung des Einstellgriffs (9) entspricht einer Aenderung des Kolbenhubs um 1 mm.

Der Bolzen (21) jeder Einstellschraube hat 12 Aussparungen, in die eine federnde Raste einschnappen kann. Hierdurch kann der Kolbenhub auf $^1/_{12}$ mm genau eingestellt werden.

Regelung: Die Fördermenge kann geändert werden:

1. Durch Wahl anderer Antriebsverhältnisse, indem man die Länge des Schwinghebelarms oder aber den wirksamen Antriebshub verklei-

nert oder vergrößert. Bei kleinerer Schwing=
hebellänge wird die Gesamtleistung des Oelers
größer, bei größerer Schwinghebellänge kleiner.

2. Durch Aenderung des Hubs des Arbeitskol=
bens. Linksdrehen des Einstellgriffs (9) ruft
Vergrößern, Rechtsdrehen des Einstellgriffs
Verkleinern des Hubs hervor.

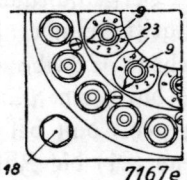

Abb. 34.

Gegendruck: Der Oeler kann bei „paarweiser
Regelung" gegen einen Ueberdruck von 200 atü und
bei „Einzelregelung" gegen einen Ueberdruck von
400 atü arbeiten.

Nachkurbelung: Vielfach ist es erwünscht,
die Oelleitungen von Hand auffüllen zu können,
z. B. vor Inbetriebsetzen der Maschine, oder wenn
den Schmierstellen während des Betriebs vorüber=
gehend mehr Oel zugeführt werden soll, wie dies
z. B. bei Ueberwindung großer Steigungen wün=
schenswert ist. Dies ist in einfacher Weise durch
Aufsetzen einer Handkurbel auf die Oelerwelle er=
möglicht. Man dreht die Handkurbel in der Dreh=
richtung der Oelerwelle so lange, bis die Oelleitun=

142

gen aufgefüllt sind oder den Schmierstellen das er=
forderliche Zusatzöl zugeführt ist.

Anbau der Oelleitungen: Von dem Oel=
auslaß darf nur eine Leitung zu einer Schmierstelle
führen.

Bevor die Rohrleitungen an den Oeler ange=
schlossen werden, ist der Oelbehälter zu füllen, und
die Einstellgriffe sind auf 8 (Vollhub) zu stellen.
Hierauf ist die Handkurbel so lange zu drehen, bis
an sämtlichen Oelauslässen Oel austritt. Dann erst
dürfen die Oelleitungen an den Oeler angeschlossen
werden. Die Handkurbel ist daraufhin wieder so
lange zu drehen, bis am Ende der Leitungen Oel
austritt, das keine Luftblasen mehr enthält.

Sind weniger Schmierstellen vorhanden, als der
Oeler Auslässe hat, so ist die Einstellschraube der
betreffenden Pumpenelemente bis zu ihrem Anschlag
herauszudrehen. Die nichtbenutzten Oelauslässe
dürfen nur mit Stopfen aus Kork oder Holz ver=
schlossen, keinesfalls aber zugelötet werden. Das
Zulöten der Oelauslässe könnte zur Zerstörung des
Oelers führen, falls die Einstellschraube aus Ver=
sehen auf Förderung eingestellt würde.

Soll einer der beiden Oelauslässe eines Pumpen=
elements nicht benutzt werden, so ist der Nippel
dieses Auslasses durch eine kurze Verschlußschraube
(17) zu ersetzen. Diese läßt in der oberen Bohrung
des Pumpenelements eine Ueberlauföffnung frei,

durch die das Oel des nicht benutzten Oelauslasses in den Behälter zurückfließt.

Betriebsstörungen: Wird während der Fahrt eine der beiden Oelleitungen der Pumpenelemente beschädigt, so ist der zugehörige Auslaßnippel aus dem Gehäusedeckel herauszudrehen und in die Oeffnung eine Verschlußschraube (17) einzudrehen. Sollte eine passende Verschraubung nicht zur Hand sein, so kann auch ein Stopfen aus Kork benutzt werden, doch ist darauf zu achten, daß die Ueberlauföffnung in der Gewindebohrung frei bleibt, da die Einstellschraube auf Förderung für die andere Leitung gestellt bleibt und der Oeler sonst schwere Beschädigungen erleidet. Der in Dampf laufende Teil unter der abgesperrten Schmierstelle erhält dann vorläufig keine direkte Oelzuführung. Indirekt jedoch wird der Teil durch den Dampf, der von den anderen Schmierstellen gefettet ist, noch etwas geschmiert werden, um die Zugfahrt bis zur nächsten Lokwechselstation ausführen zu können.

Reinigen des Oelers: Um den Oeler dauernd betriebsfähig zu halten, ist es unbedingt erforderlich, daß er nach einer jedesmaligen Betriebsdauer von 6 Monaten gründlich gereinigt und nachgesehen wird. Nach Lösen der Oelleitungen und der Deckelschrauben (18) hebt man den Deckel samt den daran befestigten Elementen ab. Die Elemente, das Saug- und Füllsieb sowie der Oelbehälter sind

144

dann mit Benzol oder Petroleum sorgfältig auszu-
waschen.

## Bosch=Mehrfach=Leitungstropfenzeiger.

In die in Heißdampftemperatur liegenden hoch-
beanspruchten Oelleitungen der Lokomotive sind
Tropfenzeiger zwischen Bosch=Oeler und Schmierstellen eingeschaltet.

Die Bosch=Mehrfach=Leitungstropfenzeiger können
auch in alle übrigen Oelleitungen eingeschaltet
werden.

Diese zeigen die an die Schmierstellen geförderten
Oelmengen unmittelbar an. Derselbe Tropfen, der
im Leitungstropfenzeiger sichtbar ist, gelangt restlos
an die Schmierstellen, auch bei hohen Betriebs-
gegendrücken.

Das Gehäuse der Tropfenzeiger ist starkwandig
und mit einem Schauglas versehen. Es wird mit
einer gesättigten Salzwasserlösung gefüllt, damit
Oele mit hohem spezifischem Gewicht gefördert werden können. Unten am Gehäuse befindet sich ein
Düsennippel, in dem ein Doppelkugel=Rückschlag-
ventil eingebaut ist, damit beim Abschrauben der
Oelleitung die Wasserfüllung nicht herauslaufen
kann, ferner um die Kammer bei abgenommener
Oelleitung füllen zu können. Im oberen Teil des
Tropfenzeigers sitzt der Auslaßnippel, in dem gleichfalls ein Doppelkugel=Rückschlagventil angeordnet

ist, um Rückwirkungen von der hoch beanspruchten
Schmierstelle nach dem Tropfenzeiger zu verhindern. Neben dem Auslaßnippel sitzt eine Verschlußschraube, nach deren Lösen die Kammer mit Salz-

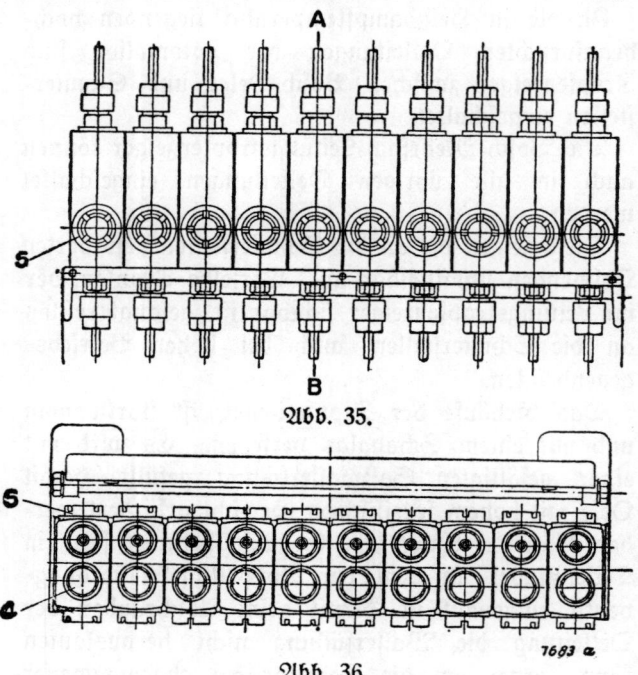

Abb. 35.

Abb. 36.

wasser gefüllt werden kann. Hinter dem Schauglas
ist zur besseren Erkennung der hochsteigenden Tropfen
eine weiße Emaillescheibe drehbar angebracht, die

zur Reinigung aus ihrer Führung herausgezogen
werden kann.  (Siehe Abbildung 37.)

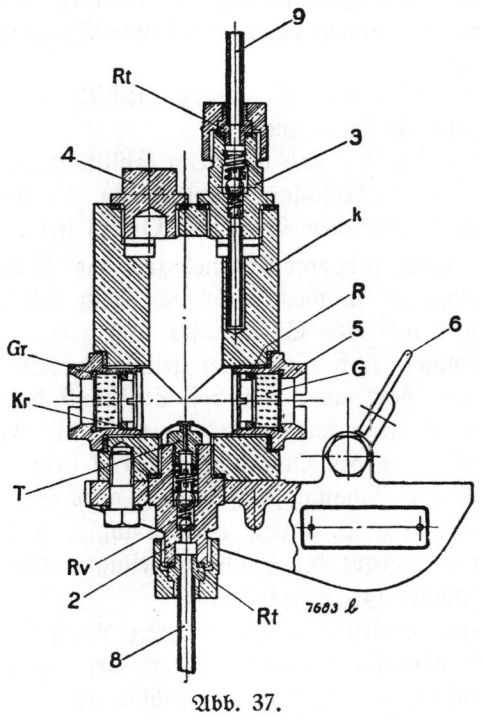

Abb. 37.

### Schnitt A—B.

Bevor die Oelleitungen an den Tropfenzeiger an=
geschlossen werden, muß man den Oeler wieder mit

der Handkurbel so lange betätigen, bis an den Rohr=
enden Oel austritt.

Wird ein Schauglas undicht, so ist es, um es zu
dichten, mit dem hierzu vorhandenen Spezialschlüssel
nachzuziehen.

Ein beschädigtes Schauglas wechselt man durch
das Ersatzschauglas aus.

Diese Arbeiten sind nur beim Stillstand der Loko=
motive resp. Maschine vorzunehmen, da sonst der
Füllraum unter dem Druck des Oelers steht.

Ist nach längerer Betriebszeit das Wasser im
Tropfenzeiger so weit verbraucht, daß sich an der
oberen Kante des Schauglases Oel zeigt, so muß
die Kammer frisch mit Wasser gefüllt werden. Dieses
Auffüllen darf aber nur bei Stillstand der Loko=
motive vorgenommen werden, weil die Kammer
beim Arbeiten des Oelers unter Druck steht.

Sind die Schaugläser schmutzig geworden, so ist
die Füllung z. B. mittels einer Saugspritze heraus=
zuziehen, worauf die Gläser gereinigt werden und
die Kammer neu gefüllt wird.

Treten Störungen im unteren Rückschlagventil
auf, so wird die Kammer entleert, der Düsennippel
herausgeschraubt und die Tropfdüse aus dem Nip=
pel entfernt. Das Doppelkugelventil kann jetzt her=
ausgenommen und mit Benzol oder Petroleum ge=
reinigt werden. Das obere Rückschlagventil wird
ebenso behandelt.

148

Die Leitungstropfenzeiger können einzeln oder in einer Gruppe auf Trägern aus Winkeleisen, Flacheisen usw. angebracht werden.

Siehe auch „Bedienungsvorschriften".

## 54. Noch einige bemerkenswerte Neuerungen an den Lokomotiven.

1. Zur Kontrolle, ob die Radreifen lose sind oder sich schon auf dem Radstern verdreht haben, sind Körnermarken zwischen Radreifen und Radsterne eingeschlagen. Zum leichteren Auffinden steht der Kontrollkörner bei den Treib= und Kuppelachsen gerade über deren Zapfen. Bei den Lauf= und Tenderachsen befindet sich der Körner in der Richtung der gelb gestrichenen Speiche.

---

2. Der Dampf für die Heizung wird bei den Einheitslokomotiven ebenfalls dem Kessel am Dampfentnahmestutzen entnommen. Als Neuerung ist das Membran=Drosselventil für die Regulierung des Heizdruckes anzusehen. Das Ventil kann auf jeden beliebigen Druck bis 5 kg/cm² eingestellt werden. Rechts drehen ist öffnen und links drehen ist schließen. Sein Vorteil ist, daß beim Ueberschreiten des Heizdruckes in der Leitung der zuviel zugeführte Dampf nicht verloren geht. Das sonst hierzu übliche Sicherheitsventil fällt fort. Für die Umstellung der Heizung zum hinteren oder vorderen Heizschlauch=

anschluß ist ein Zweiwegeventil in der Leitung eingeschaltet. Durch Einstellen wird ermöglicht, daß kleine Dampfmengen auch durch den abgesperrten Teil der Heizleitung strömen, um bei starker Kälte das Einfrieren dieses Heizstranges zu verhindern. An dem Gehäuse des Zweiwegeventils ist auch noch ein kleiner Hahn zum Anwärmen der linken Wassersaugeleitung angebracht. Wird nun beim Absperren des Heizdampfes der Anwärmehahn nicht sofort geschlossen, so läuft das Tenderwasser in die Heizleitung, gelangt zur Erde oder die Leitung friert bei starker Kälte ein.

3. Um die Gegengewichte der Treib- und Kuppelachsen bei den Einheitslokomotiven 1C1 und 1C an den äußersten Rand des Radsterns zu bringen und sie auch möglichst klein zu halten, sind sie mit Blei ausgegossen worden. Die Bleimasse ist mittels Auftreibens mit konischem Dorn zur festen Anlage gebracht, wodurch ein Hin- und Herschlagen im Betriebe verhütet wird. Die Eingußstelle ist mit Gewindepfropfen verschlossen.

4. Bei den Einheitslokomotiven 1C1 und 1C tritt oft der Fall ein, daß die Luftpumpe oder die Kolbenwasserpumpe beim Wiederanlassen plötzlich stehen bleiben. Der Grund ist folgender: die Entwässerungsrohre der Dampfzylinder von beiden Pumpen, sowie die Entwässerungsrohre von ihrem Abdampf

münden in kleine kastenartige Behälter, die mittels Rohre verbunden sind, welche das Abdampfwasser nach dem Radnässer führen. Sobald das Nässerohr verstopft ist, staut sich das Wasser an, drückt das kleine Rückschlagventil von der Entwässerung hoch und tritt unter den Kolben des Dampfzylinders und läßt diesen nicht arbeiten. Sollte sich die Verstop= sung im Nässerohr nicht sogleich beseitigen lassen, so schraubt man das Rohr am Entwässerungsventil ab, damit das Wasser ablaufen kann. Die Pumpe wird dann anstandslos weiterarbeiten. In diese Kasten= behälter ist auch das Ablaufrohr vom Sickerwasser der Stopfbuchsen eingeführt, hier tritt das Wasser durch das Ablaufrohr ebenfalls zurück und täuscht undichte Stopfbuchsen vor, die das Personal ver= leiten, diese übermäßig festzuziehen.

---

5. Das Auslegen der Steuerung nach Regler= schluß und bei hoher Geschwindigkeit ist ganz lang= sam und vorsichtig auszuführen, besonders bei Lo= komotiven, deren Steuerungsteile eine gedrängte Bauart haben (z. B. Einheitslokomotiven 1C1 und 1C). Besser ist noch, bei diesen Lokomotiven die Steuerung zuerst eine kleine Weile ruhig liegen zu lassen, sie dann langsam bis $^5/_{10}$ Füllung zu legen, und wenn sich die Geschwindigkeit ungefähr bis 40 km/Std. ermäßigt hat, langsam ganz auszulegen. Als Folge der gedrängten Bauart ist die Schieber=

schubstange sehr kurz und die Schwinge sehr ge=
krümmt gehalten. Beim Auslegen der Steuerung
in hoher Geschwindigkeit der Lokomotive fressen sich
hier die Schwingensteine in der Schwinge, sowie auch
der Führungsstein im Schlitz der Schieberschubstange
(Kuhnsche Schleife) fest. Es tritt einen Moment
Stillstand in die sich bewegenden Teile der Steue=
rung ein, dadurch verbiegt sich die Schieberschub=
stange oder der Bolzen, der den Schwingenstein mit
der Schieberschubstange verbindet, setzt sich fest und
wird abgeschert.

Die Geschwindigkeit wird sich aber bei nicht aus=
gelegter Steuerung schnell ermäßigen, weil beim
Leerlauf der Verdichtungsdruck sich dann vor dem
Dampfkolben vergrößert. Der Ausgleich zwischen
beiden Dampfkolbenseiten findet nicht so schnell statt
als wie bei ganz ausgelegter Steuerung.

Die neue Bauart der Druckausgleichervorrichtung
stellt zwar die Verbindung der beiden Zylinderenden
um die Schieberbuchsen her, deren kleine Querschnitte
erlauben aber nicht, den Druckausgleich zwischen bei=
den Dampfkolbenseiten genügend herzustellen, ohne
von der Schieberstellung abhängig zu sein.

Durch diesen Hinweis soll auf die Folgen des De=
fektwerdens der Lokomotive, als auch auf die Ein=
wirkungen, die beim Vergrößern des Verdichtungs=
druckes entstehen, aufmerksam gemacht werden.